출간 교재　　25년 출간 교재

영역	과목	교재	예비 초등							3-4학년				5-6학년				예비중등	
쓰기력	국어	한글 바로 쓰기	P1	P2	P3														
			P1~3_활동 모음집																
	국어	맞춤법 바로 쓰기				1A	1B	2A	2B										
어휘력	전 과목	어휘				1A	1B	2A	2B	3A	3B	4A	4B	5A	5B	6A	6B		
	전 과목	한자 어휘				1A	1B	2A	2B	3A	3B	4A	4B	5A	5B	6A	6B		
	영어	파닉스				1		2											
	영어	영단어								3A	3B	4A	4B	5A	5B	6A	6B		
독해력	국어	독해	P1		P2	1A	1B	2A	2B	3A	3B	4A	4B	5A	5B	6A	6B		
	한국사	독해 인물편								1~4									
	한국사	독해 시대편								1~4									
계산력	수학	계산				1A	1B	2A	2B	3A	3B	4A	4B	5A	5B	6A	6B	7A	7B
교과서 문해력	전 과목	교과서가 술술 읽히는 서술어				1A	1B	2A	2B	3A	3B	4A	4B	5A	5B	6A	6B		
	사회	교과서 독해								3A	3B	4A	4B	5A	5B	6A	6B		
	수학	문장제 기본				1A	1B	2A	2B	3A	3B	4A	4B	5A	5B	6A	6B		
	수학	문장제 발전				1A	1B	2A	2B	3A	3B	4A	4B	5A	5B	6A	6B		
창의·사고력	전 과목	교과서 놀이 활동북	1~8																
	수학	입학 전 수학 놀이 활동북	P1~P10																

* 완자 공부력 신간은 계속해서 출간됩니다.

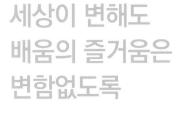

세상이 변해도
배움의 즐거움은
변함없도록

시대는 빠르게 변해도
배움의 즐거움은
변함없어야 하기에

어제의 비상은
남다른 교재부터
결이 다른 콘텐츠
전에 없던 교육 플랫폼까지

변함없는 혁신으로
교육 문화 환경의 새로운 전형을
실현해왔습니다.

비상은 오늘, 다시 한번
새로운 교육 문화 환경을 실현하기 위한
또 하나의 혁신을 시작합니다.

오늘의 내가 어제의 나를 초월하고
오늘의 교육이 어제의 교육을 초월하여
배움의 즐거움을 지속하는 혁신,

바로, 메타인지 기반 완전 학습을.

상상을 실현하는 교육 문화 기업 비상

메타인지 기반 완전 학습
초월을 뜻하는 meta와 생각을 뜻하는 인지가 결합한 메타인지는
자신이 알고 모르는 것을 스스로 구분하고 학습계획을 세우도록 하는
궁극의 학습 능력입니다. 비상의 메타인지 기반 완전 학습 시스템은
잠들어 있는 메타인지를 깨워 공부를 100% 내 것으로 만들도록 합니다.

몬스터를 모두 잡아
몰랑이를 구하자!

수학 문장제 발전
단계별 구성

1A	1B	2A	2B	3A	3B
9까지의 수	100까지의 수	세 자리 수	네 자리 수	덧셈과 뺄셈	곱셈
여러 가지 모양	덧셈과 뺄셈(1)	여러 가지 도형	곱셈구구	평면도형	나눗셈
덧셈과 뺄셈	모양과 시각	덧셈과 뺄셈	길이 재기	나눗셈	원
비교하기	덧셈과 뺄셈(2)	길이 재기	시각과 시간	곱셈	분수와 소수
50까지의 수	규칙 찾기	분류하기	표와 그래프	길이와 시간	들이와 무게
	덧셈과 뺄셈(3)	곱셈	규칙 찾기	분수와 소수	그림그래프

교과서 전 단원, 전 영역뿐만 아니라 다양한 시험에 나오는
복잡한 수학 문장제를 분석하고 단계별 풀이를 통해 문제 해결력을 강화해요!

수 , 연산 , 도형과 측정 , 자료와 가능성 , 변화와 관계 영역의
다양한 문장제를 해결해 봐요.

4A	4B	5A	5B	6A	6B
큰 수	분수의 덧셈과 뺄셈	자연수의 혼합 계산	수의 범위와 어림하기	분수의 나눗셈	분수의 나눗셈
각도	사각형	약수와 배수	분수의 곱셈	각기둥과 각뿔	공간과 입체
곱셈과 나눗셈	소수의 덧셈과 뺄셈	대응 관계	합동과 대칭	소수의 나눗셈	소수의 나눗셈
삼각형	다각형	약분과 통분	소수의 곱셈	비와 비율	비례식과 비례배분
막대그래프	꺾은선 그래프	분수의 덧셈과 뺄셈	직육면체와 정육면체	여러 가지 그래프	원의 둘레와 넓이
관계와 규칙	평면도형의 이동	다각형의 둘레와 넓이	평균과 가능성	직육면체의 부피와 겉넓이	원기둥, 원뿔, 구

특징과 활용법

준비하기 단원별 2쪽 가볍게 몸풀기

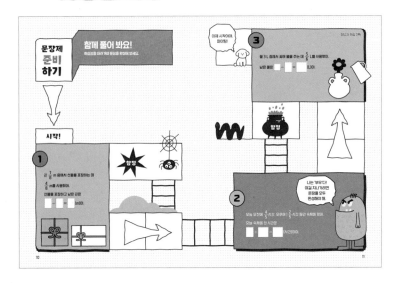

그림 속 이야기를
읽어 보면서
간단한 문장으로 된
문제를 풀어 보아요.

일차 학습 하루 6쪽 문장제 학습

문제 속 조건과 구하려는 것을
찾고, 단계별 풀이를 통해
문제 해결력이 쑥쑥~

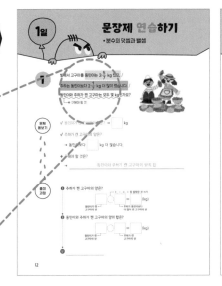

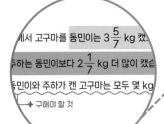

에서 고구마를 동민이는 $3\frac{5}{7}$ kg 캤

주하는 동민이보다 $2\frac{1}{7}$ kg 더 많이 캤습

동민이와 주하가 캔 고구마는 모두 몇 kg

→ **구해야 할 것**

실력 확인하기 단원별 마무리와 총정리 실력 평가

단원 마무리

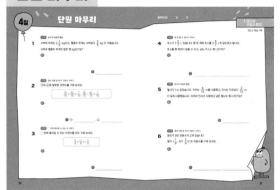

실력 평가

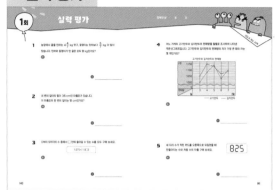

앞에서 배웠던 문장제를 풀면서
실력을 확인해요.
마지막 도전 문제까지 성공하면
최고!

한 권을 모두 끝낸 후엔
실력 평가로 내 실력을 점검해요!

정답과 해설

정답과 해설을 빠르게 확인하고,
틀린 문제는 다시 풀어요!
QR을 찍으면 모바일로도 정답을
확인할 수 있어요.

차례

1 분수의 덧셈과 뺄셈

내가 낸 문제를 모두 풀어야
몰랑이를 구할 수 있어!

문장제 준비 하기

함께 풀어 봐요!
화살표를 따라가며 문장을 완성해 보세요.

시작!

1

끈 $\dfrac{7}{8}$ m 중에서 선물을 포장하는 데

$\dfrac{4}{8}$ m를 사용했어.

선물을 포장하고 남은 끈은

☐ ― ☐ = ☐ (m)야.

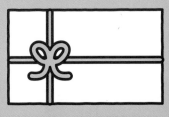

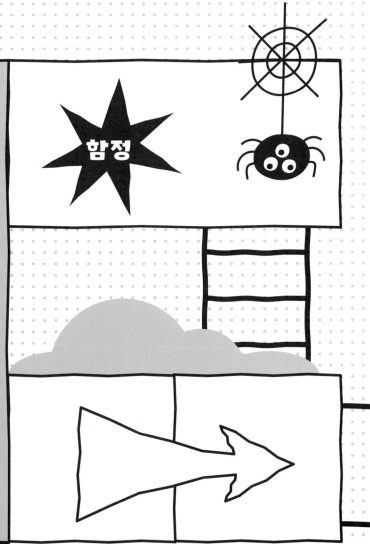

함정

3

물 3 L 중에서 꽃에 물을 주는 데 $\frac{5}{6}$ L를 사용했어.

남은 물은 ☐ − ☐ = ☐ (L)야.

함정

이제 시작이야.
파이팅!

나는 '부우'다!
여길 지나가려면
문장을 모두
완성해야 해.

2

오늘 오전에 $\frac{4}{5}$ 시간, 오후에 $1\frac{2}{5}$ 시간 동안 숙제를 했어.

오늘 숙제를 한 시간은

☐ + ☐ = ☐ (시간)이야.

1 밭에서 고구마를 동민이는 $3\frac{5}{7}$ kg 캤고, /

주하는 동민이보다 $2\frac{1}{7}$ kg 더 많이 캤습니다. /

동민이와 주하가 캔 고구마는 모두 몇 kg인가요?

↳ ✦ 구해야 할 것

문제 돋보기

✓ 동민이가 캔 고구마의 양은? → ☐ kg

✓ 주하가 캔 고구마의 양은?

→ 동민이보다 ☐ kg 더 많습니다.

✦ 구해야 할 것은?

→ _동민이와 주하가 캔 고구마의 양의 합_

풀이 과정

❶ 주하가 캔 고구마의 양은?

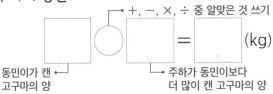

+, −, ×, ÷ 중 알맞은 것 쓰기

☐ ◯ ☐ = ☐ (kg)

└ 동민이가 캔 고구마의 양 └ 주하가 동민이보다 더 많이 캔 고구마의 양

❷ 동민이와 주하가 캔 고구마의 양의 합은?

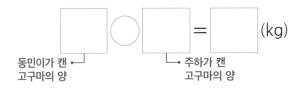

☐ ◯ ☐ = ☐ (kg)

└ 동민이가 캔 고구마의 양 └ 주하가 캔 고구마의 양

답 _____

왼쪽 1 번과 같이 문제에 색칠하고 밑줄을 그어 가며 문제를 풀어 보세요.

1-1

빨간색 테이프의 길이는 $2\frac{4}{5}$ m이고, /

노란색 테이프의 길이는 빨간색 테이프보다 $1\frac{1}{5}$ m 더 짧습니다. /

빨간색 테이프와 노란색 테이프의 길이의 합은 몇 m인가요?

문제 돋보기

✓ 빨간색 테이프의 길이는? → ☐ m

✓ 노란색 테이프의 길이는?

　→ 빨간색 테이프보다 ☐ m 더 짧습니다.

✦ 구해야 할 것은?

　→ _____

풀이 과정

❶ 노란색 테이프의 길이는?

☐ ◯ ☐ = ☐ (m)

❷ 빨간색 테이프와 노란색 테이프의 길이의 합은?

☐ ◯ ☐ = ☐ (m)

답 _____

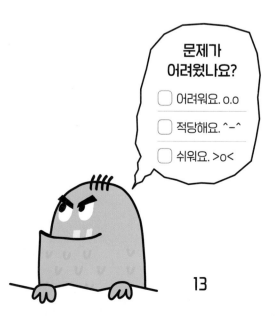

문제가
어려웠나요?

☐ 어려워요. o.o

☐ 적당해요. ^-^

☐ 쉬워요. >o<

13

2

우유가 $4\frac{1}{3}$ L 있습니다. /

초코우유 한 병을 만드는 데 /

우유가 $1\frac{2}{3}$ L 필요합니다. /

초코우유를 몇 병까지 만들 수 있고, /
남는 우유는 몇 L인가요? ┈→ 구해야 할 것

문제 돋보기

✓ 우유의 양은? → ☐ L

✓ 초코우유 한 병을 만드는 데 필요한 우유의 양은? → ☐ L

✦ 구해야 할 것은?

→ <u>만들 수 있는 초코우유의 병 수와 남는 우유의 양</u>

풀이 과정

❶ $4\frac{1}{3}$에서 $1\frac{2}{3}$를 몇 번까지 뺄 수 있는지 알아보면?

☐ ◯ ☐ = ☐ , ☐ ◯ ☐ = ☐

┗→ 우유의 양   ┗→ 초코우유 한 병을 만드는 데
                    필요한 우유의 양

⇨ ☐ 번까지 뺄 수 있습니다.

❷ 만들 수 있는 초코우유의 병 수와 남는 우유의 양은?

$4\frac{1}{3}$에서 $1\frac{2}{3}$를 ☐ 번까지 뺄 수 있고, 남는 수는 ☐ 입니다.

⇨ 초코우유를 ☐ 병까지 만들 수 있고, 남는 우유는 ☐ L입니다.

답

_____ , _____

왼쪽 2 번과 같이 문제에 색칠하고 밑줄을 그어 가며 문제를 풀어 보세요.

2-1

땅콩이 $6\frac{2}{8}$ kg 있습니다. / 한 상자에 땅콩을 $1\frac{7}{8}$ kg씩 담으려고 합니다. /

땅콩을 몇 상자까지 담을 수 있고, / 남는 땅콩은 몇 kg인가요?

문제 돋보기

✔ 땅콩의 양은? → ☐ kg

✔ 한 상자에 담는 땅콩의 양은? → ☐ kg

✚ 구해야 할 것은?

→ _____

풀이 과정

❶ $6\frac{2}{8}$에서 $1\frac{7}{8}$을 몇 번까지 뺄 수 있는지 알아보면?

☐ ○ ☐ = ☐ , ☐ ○ ☐ = ☐ ,

☐ ○ ☐ = ☐

⇨ ☐ 번까지 뺄 수 있습니다.

❷ 담을 수 있는 상자 수와 남는 땅콩의 양은?

$6\frac{2}{8}$에서 $1\frac{7}{8}$을 ☐ 번까지 뺄 수 있고, 남는 수는 ☐ 입니다.

⇨ 땅콩을 ☐ 상자까지 담을 수 있고, 남는 땅콩은 ☐ kg

입니다.

문제가 어려웠나요?

☐ 어려워요. o.o

☐ 적당해요. ^-^

☐ 쉬워요. >o<

답 _____ , _____

15

문제를 읽고 '연습하기'에서 했던 것처럼 밑줄을 그어 가며 문제를 풀어 보세요.

1 서영이의 가방 무게는 $1\dfrac{8}{9}$ kg이고, 정재의 가방 무게는 서영이 가방보다 $\dfrac{4}{9}$ kg

더 무겁습니다. 서영이와 정재의 가방 무게의 합은 몇 kg인가요?

❶ 정재의 가방 무게는?

❷ 서영이와 정재의 가방 무게의 합은?

답 _____

2 딸기가 $3\dfrac{6}{7}$ kg 있습니다. 딸기주스 한 병을 만드는 데 딸기가 $1\dfrac{4}{7}$ kg 필요합니다.

딸기주스를 몇 병까지 만들 수 있고, 남는 딸기는 몇 kg인가요?

❶ $3\dfrac{6}{7}$에서 $1\dfrac{4}{7}$를 몇 번까지 뺄 수 있는지 알아보면?

❷ 만들 수 있는 딸기주스의 병 수와 남는 딸기의 양은?

답 _____ , _____

3 물이 1 L 있었습니다. 재빈이는 $\dfrac{5}{11}$ L를 마셨고, 영준이는 재빈이보다 $\dfrac{1}{11}$ L 더 적게 마셨습니다. 재빈이와 영준이가 마시고 남은 물은 몇 L인가요?

❶ 영준이가 마신 물의 양은?

❷ 재빈이와 영준이가 마시고 남은 물의 양은?

🅐 _____

4 리본이 $5\dfrac{4}{5}$ m 있습니다. 팔찌 한 개를 만드는 데 리본이 $1\dfrac{2}{5}$ m 필요합니다. 팔찌를 몇 개까지 만들 수 있고, 남는 리본은 몇 m인가요?

❶ $5\dfrac{4}{5}$에서 $1\dfrac{2}{5}$를 몇 번까지 뺄 수 있는지 알아보면?

❷ 만들 수 있는 팔찌 수와 남는 리본의 길이는?

🅐 _____, _____

1 □ 안에 들어갈 수 있는 자연수를 /
모두 구해 보세요. └─→ 구해야 할 것

$$\frac{4}{7} + \frac{\square}{7} < 1\frac{1}{7}$$

문제 돋보기

✦ 구해야 할 것은?

→ _____ □ 안에 들어갈 수 있는 자연수 _____

✓ $\frac{4}{7} + \frac{\square}{7} < 1\frac{1}{7}$ 에서 □ 안에 들어갈 수 있는 자연수를 구하려면?

→ $\frac{4}{7} + \frac{\square}{7} = 1\frac{1}{7}$ 일 때, □의 값을 구한 후

□ 안에 들어갈 수 있는 자연수의 범위를 이용하여 구합니다.

풀이 과정

❶ $\frac{4}{7} + \frac{\square}{7} = 1\frac{1}{7}$ 일 때, □의 값은?

$1\frac{1}{7} = \dfrac{\boxed{}}{7}$ 이므로 $\dfrac{4}{7} + \dfrac{\square}{7} = \dfrac{\boxed{}}{7}$ $\Rightarrow$ $4 + \square = \boxed{}$, $\square = \boxed{}$ 입니다.
└─→ 가분수

❷ □ 안에 들어갈 수 있는 자연수는?

□ 안에 들어갈 수 있는 자연수는 4보다 작은 수이므로

$\boxed{}$, $\boxed{}$, $\boxed{}$ 입니다.

답 _____

왼쪽 **1**번과 같이 문제에 색칠하고 밑줄을 그어 가며 문제를 풀어 보세요.

1-1

□ 안에 들어갈 수 있는 자연수를 / 모두 구해 보세요.

$$1\frac{2}{9} - \frac{\square}{9} > \frac{8}{9}$$

문제 돋보기

✦ 구해야 할 것은?

→ _____

✓ $1\frac{2}{9} - \frac{\square}{9} > \frac{8}{9}$ 에서 □ 안에 들어갈 수 있는 자연수를 구하려면?

→ $1\frac{2}{9} - \frac{\square}{9} = \frac{8}{9}$ 일 때, □의 값을 구한 후

□ 안에 들어갈 수 있는 자연수의 범위를 이용하여 구합니다.

풀이 과정

❶ $1\frac{2}{9} - \frac{\square}{9} = \frac{8}{9}$ 일 때, □의 값은?

$1\frac{2}{9} = \dfrac{\boxed{}}{9}$ 이므로 $\dfrac{\boxed{}}{9} - \dfrac{\square}{9} = \dfrac{8}{9}$

⇨ $\boxed{} - \square = 8$, $\square = \boxed{}$ 입니다.

❷ □ 안에 들어갈 수 있는 자연수는?

□ 안에 들어갈 수 있는 자연수는 3보다 작은 수이므로

$\boxed{}$, $\boxed{}$ 입니다.

답 _____

문제가 어려웠나요?

☐ 어려워요. o.o

☐ 적당해요. ^-^

☐ 쉬워요. >o<

2

은호는 빵을 만드는 데 밀가루가 부족하여 /

밀가루 $2\dfrac{3}{5}$ kg을 샀습니다. /

은호가 밀가루 $4\dfrac{4}{5}$ kg을 사용하고 나니 /

$1\dfrac{2}{5}$ kg이 남았습니다. /

은호가 처음에 가지고 있던 밀가루는 몇 kg인가요?

└─◆ 구해야 할 것

**문제
돋보기**

✓ 산 밀가루의 양은? → ☐ kg

✓ 사용한 밀가루의 양은? → ☐ kg

✓ 남은 밀가루의 양은? → ☐ kg

✦ 구해야 할 것은?

→ _____은호가 처음에 가지고 있던 밀가루의 양_____

**풀이
과정**

❶ 사용하기 전 밀가루의 양은?

☐ ◯ ☐ = ☐ (kg)

남은 밀가루의 양 ┘   └ 사용한 밀가루의 양

❷ 은호가 처음에 가지고 있던 밀가루의 양은?

☐ ◯ ☐ = ☐ (kg)

사용하기 전 밀가루의 양 ┘   └ 산 밀가루의 양

답 _____

왼쪽 **2** 번과 같이 문제에 색칠하고 밑줄을 그어 가며 문제를 풀어 보세요.

2-1

통에 들어 있던 식용유 중에서 / $\dfrac{5}{8}$ L를 사용한 후 /

다시 식용유 $\dfrac{7}{8}$ L를 통에 넣었더니 / $1\dfrac{3}{8}$ L가 되었습니다. /

처음 통에 들어 있던 식용유는 몇 L인가요?

문제 돋보기

✔ 사용한 식용유의 양은? → ☐ L

✔ 통에 넣은 식용유의 양은? → ☐ L

✔ 현재 식용유의 양은? → ☐ L

✦ 구해야 할 것은?

→ _____

풀이 과정

❶ 통에 식용유를 넣기 전 식용유의 양은?

☐ ◯ ☐ = ☐ (L)

❷ 처음 통에 들어 있던 식용유의 양은?

☐ ◯ ☐ = ☐ (L)

답 _____

문제가 어려웠나요?

☐ 어려워요. o.o

☐ 적당해요. ^-^

☐ 쉬워요. >o<

문제를 읽고 '연습하기'에서 했던 것처럼 밑줄을 그어 가며 문제를 풀어 보세요.

1 □ 안에 들어갈 수 있는 자연수를 모두 구해 보세요.

$$\frac{\square}{5} + \frac{3}{5} < 1\frac{2}{5}$$

❶ $\frac{\square}{5} + \frac{3}{5} = 1\frac{2}{5}$ 일 때, □의 값은?

❷ □ 안에 들어갈 수 있는 자연수는?

답 _____

2 재윤이는 유자청을 만드는 데 설탕이 부족하여 설탕 $1\frac{4}{7}$ kg을 샀습니다.

재윤이가 설탕 $2\frac{2}{7}$ kg을 사용하고 나니 $\frac{6}{7}$ kg이 남았습니다.

재윤이가 처음에 가지고 있던 설탕은 몇 kg인가요?

❶ 사용하기 전 설탕의 양은?

❷ 재윤이가 처음에 가지고 있던 설탕의 양은?

답 _____

22

3 물통에 들어 있던 물 중에서 $\dfrac{2}{9}$ L를 마신 후 다시 물 $1\dfrac{7}{9}$ L를 물통에 부었더니 $4\dfrac{5}{9}$ L가 되었습니다. 처음 물통에 들어 있던 물은 몇 L인가요?

❶ 물통에 물을 붓기 전 물의 양은?

❷ 처음 물통에 들어 있던 물의 양은?

답 _____

4 11보다 작은 자연수 중에서 ☐ 안에 들어갈 수 있는 자연수를 모두 구해 보세요.

$$1\dfrac{3}{11} - \dfrac{\square}{11} < \dfrac{6}{11}$$

❶ $1\dfrac{3}{11} - \dfrac{\square}{11} = \dfrac{6}{11}$ 일 때, ☐의 값은?

❷ ☐ 안에 들어갈 수 있는 자연수는?

답 _____

1 어떤 수에 $5\frac{3}{8}$을 더해야 할 것을 /

잘못하여 $3\frac{5}{8}$를 더했더니 $6\frac{1}{8}$이 되었습니다. /

바르게 계산한 값은 얼마인가요?

→ 구해야 할 것

문제 돋보기

✔ 잘못 계산한 식은?

→ 어떤 수에 ☐ 을(를) 더했더니 ☐ 이(가) 되었습니다.

✔ 바르게 계산하려면? → 어떤 수에 ☐ 을(를) 더합니다.

✚ 구해야 할 것은?

→ _____ 바르게 계산한 값 _____

풀이 과정

❶ 어떤 수를 ■라 할 때, 잘못 계산한 식은?

■ + ☐ = ☐

❷ 어떤 수는?

☐ − ☐ = ■ , ■ = ☐

❸ 바르게 계산한 값은?

☐ ◯ ☐ = ☐

└ 어떤 수

답 _____

24

왼쪽 1 번과 같이 문제에 색칠하고 밑줄을 그어 가며 문제를 풀어 보세요.

1-1

어떤 수에서 $2\frac{4}{7}$ 를 빼야 할 것을 /

잘못하여 $4\frac{2}{7}$ 를 뺐더니 $1\frac{6}{7}$ 이 되었습니다. /

바르게 계산한 값은 얼마인가요?

문제 돋보기

✔ 잘못 계산한 식은?

→ 어떤 수에서 [ ] 을(를) 뺐더니 [ ] 이(가) 되었습니다.

✔ 바르게 계산하려면? → 어떤 수에서 [ ] 을(를) 뺍니다.

✚ 구해야 할 것은?

→ _____

풀이 과정

❶ 어떤 수를 ■ 라 할 때, 잘못 계산한 식은?

■ − [ ] = [ ]

❷ 어떤 수는?

[ ] + [ ] = ■, ■ = [ ]

❸ 바르게 계산한 값은?

[ ] ○ [ ] = [ ]
└→ 어떤 수

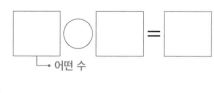

답 _____

문제가
어려웠나요?

☐ 어려워요. o.o

☐ 적당해요. ^-^

☐ 쉬워요. >o<

25

2 분모가 5인 진분수가 2개 있습니다. /

합이 $1\frac{1}{5}$, 차가 $\frac{2}{5}$인 /

두 진분수를 구해 보세요.

└➔ 구해야 할 것

문제 돋보기

✔ 두 진분수의 분모는? → ☐

✔ 두 진분수의 합과 차는? → 합: ☐ , 차: ☐

✦ 구해야 할 것은?

→ ＿＿＿＿＿＿＿ 두 진분수 ＿＿＿＿＿＿＿

풀이 과정

❶ 두 진분수의 분자의 합과 차는?

$1\frac{1}{5}$ 을 가분수로 나타내면 ☐ 입니다.

⇨ 두 진분수의 분자의 합은 ☐ 이고, 차는 ☐ 입니다.
└➔ 가분수의 분자

❷ 두 진분수는?

합이 ☐ , 차가 ☐ 인 두 진분수의 분자는 ☐ , ☐ 입니다.

⇨ 두 진분수는 ☐ , ☐ 입니다.

답 ＿＿＿＿＿＿＿ , ＿＿＿＿＿＿＿

왼쪽 **2** 번과 같이 문제에 색칠하고 밑줄을 그어 가며 문제를 풀어 보세요.

2-1

분모가 11인 진분수가 2개 있습니다. /

합이 $1\frac{4}{11}$, 차가 $\frac{1}{11}$인 /

두 진분수를 구해 보세요.

**문제
돋보기**

✔ 두 진분수의 분모는? → ☐

✔ 두 진분수의 합과 차는? → 합: ☐ , 차: ☐

✦ 구해야 할 것은?

→ _____

**풀이
과정**

❶ 두 진분수의 분자의 합과 차는?

$1\frac{4}{11}$ 를 가분수로 나타내면 ☐ 입니다.

⇨ 두 진분수의 분자의 합은 ☐ 이고, 차는 ☐ 입니다.

❷ 두 진분수는?

합이 ☐ , 차가 ☐ 인 두 진분수의 분자는 ☐ , ☐ 입니다.

⇨ 두 진분수는 ☐ , ☐ 입니다.

**문제가
어려웠나요?**

☐ 어려워요. o.o

☐ 적당해요. ^-^

☐ 쉬워요. >o<

답 _____ , _____

27

문제를 읽고 '연습하기'에서 했던 것처럼 밑줄을 그어 가며 문제를 풀어 보세요.

1 분모가 7인 진분수가 2개 있습니다.

합이 $\dfrac{5}{7}$, 차가 $\dfrac{3}{7}$인 두 진분수를 구해 보세요.

❶ 두 진분수의 분자의 합과 차는?

❷ 두 진분수는?

답 _____ , _____

2 어떤 수에 $5\dfrac{4}{9}$를 더해야 할 것을 잘못하여 $4\dfrac{5}{9}$를 더했더니 $5\dfrac{2}{9}$가 되었습니다.

바르게 계산한 값은 얼마인가요?

❶ 어떤 수를 ■라 할 때, 잘못 계산한 식은?

❷ 어떤 수는?

❸ 바르게 계산한 값은?

답 _____

3 분모가 13인 진분수가 2개 있습니다.

합이 $1\frac{1}{13}$, 차가 $\frac{4}{13}$인 두 진분수를 구해 보세요.

❶ 두 진분수의 분자의 합과 차는?

❷ 두 진분수는?

답 _____ , _____

4 어떤 수에서 $1\frac{7}{8}$을 빼야 할 것을 잘못하여 $7\frac{1}{8}$을 뺐더니 $2\frac{3}{8}$이 되었습니다.

바르게 계산한 값은 얼마인가요?

❶ 어떤 수를 ■라 할 때, 잘못 계산한 식은?

❷ 어떤 수는?

❸ 바르게 계산한 값은?

답 _____

단원 마무리

12쪽 분수의 덧셈과 뺄셈

1 수박의 무게는 $2\frac{1}{5}$ kg이고, 멜론의 무게는 수박보다 $\frac{3}{5}$ kg 더 가볍습니다.

수박과 멜론의 무게의 합은 몇 kg인가요?

풀이

답 _____

26쪽 합과 차를 알 때 두 진분수 구하기

2 ㉠과 ㉡에 알맞은 자연수를 구해 보세요.

$$\frac{㉠}{10} + \frac{㉡}{10} = \frac{7}{10}, \ \frac{㉠}{10} - \frac{㉡}{10} = \frac{1}{10}$$

풀이

답 ㉠: _____ , ㉡: _____

18쪽 □ 안에 들어갈 수 있는 수 구하기

3 □ 안에 들어갈 수 있는 자연수를 모두 구해 보세요.

$$\frac{5}{6} + \frac{□}{6} < 1\frac{2}{6}$$

풀이

답 _____

4 14쪽 몇 번 뺄 수 있는지 구하기

주스가 $7\frac{2}{7}$ L 있습니다. 병 한 개에 주스를 $2\frac{5}{7}$ L씩 담으려고 합니다.

주스를 몇 병까지 담을 수 있고, 남는 주스는 몇 L인가요?

풀이

답 _____ , _____

5 12쪽 분수의 덧셈과 뺄셈

철사가 1 m 있었습니다. 지우는 $\frac{4}{13}$ m를 사용했고, 민서는 지우보다 $\frac{2}{13}$ m

더 길게 사용했습니다. 지우와 민서가 사용하고 남은 철사는 몇 m인가요?

풀이

답 _____

6 26쪽 합과 차를 알 때 두 진분수 구하기

분모가 9인 진분수가 2개 있습니다.

합이 $1\frac{1}{9}$, 차가 $\frac{2}{9}$인 두 진분수를 구해 보세요.

풀이

답 _____ , _____

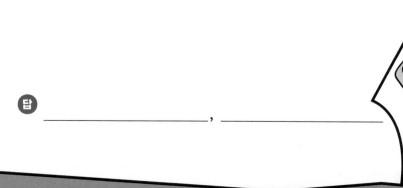

단원 마무리

20쪽 처음의 양 구하기

7 주성이는 빵을 만드는 데 밀가루가 부족하여 영하에게 밀가루 $1\frac{5}{8}$ kg을 받았습니다. 주성이가 밀가루 $3\frac{3}{8}$ kg을 사용하고 나니 $\frac{7}{8}$ kg이 남았습니다. 주성이가 처음에 가지고 있던 밀가루는 몇 kg인가요?

풀이

답 _____

18쪽 ☐ 안에 들어갈 수 있는 수 구하기

8 7보다 작은 자연수 중에서 ☐ 안에 들어갈 수 있는 자연수를 모두 구해 보세요.

$$1\frac{2}{7} - \frac{\square}{7} < \frac{6}{7}$$

풀이

답 _____

24쪽 바르게 계산한 값 구하기

9 어떤 수에서 $3\frac{6}{11}$을 빼야 할 것을 잘못하여 $6\frac{3}{11}$을 뺐더니

$1\frac{10}{11}$이 되었습니다. 바르게 계산한 값은 얼마인가요?

풀이

답 _____

20쪽 처음의 양 구하기

도전!
10

24쪽 바르게 계산한 값 구하기

물통에 들어 있던 물 중에서 $2\frac{8}{9}$ L를 덜어 내야 할 것을 잘못하여

$3\frac{5}{9}$ L를 덜어 내고 $1\frac{2}{9}$ L를 물통에 부었더니 $2\frac{1}{9}$ L가 되었습니다.

물통에 들어 있던 물을 바르게 덜어 내면 몇 L가 남을까요?

❶ 물통에 들어 있던 물의 양은?

❷ 물통에 들어 있던 물을 바르게 덜어 냈을 때 남는 물의 양은?

답 _____

내
가
지
다
니
⋮

2 사각형

내가 낸 문제를 모두 풀어야
몰랑이를 구할 수 있어!

문장제
**준비
하기**

함께 풀어 봐요!
화살표를 따라가며 문장을 완성해 보세요.

나는 '두비'다!
여기 있는 문장들도
모두 완성할 수 있는지 볼까?
흐흐흐...

시작!

함정

① 창문에서 찾을 수 있는 사각형은
네 쌍의 변이 서로

[   ]으로 만나고 있어.

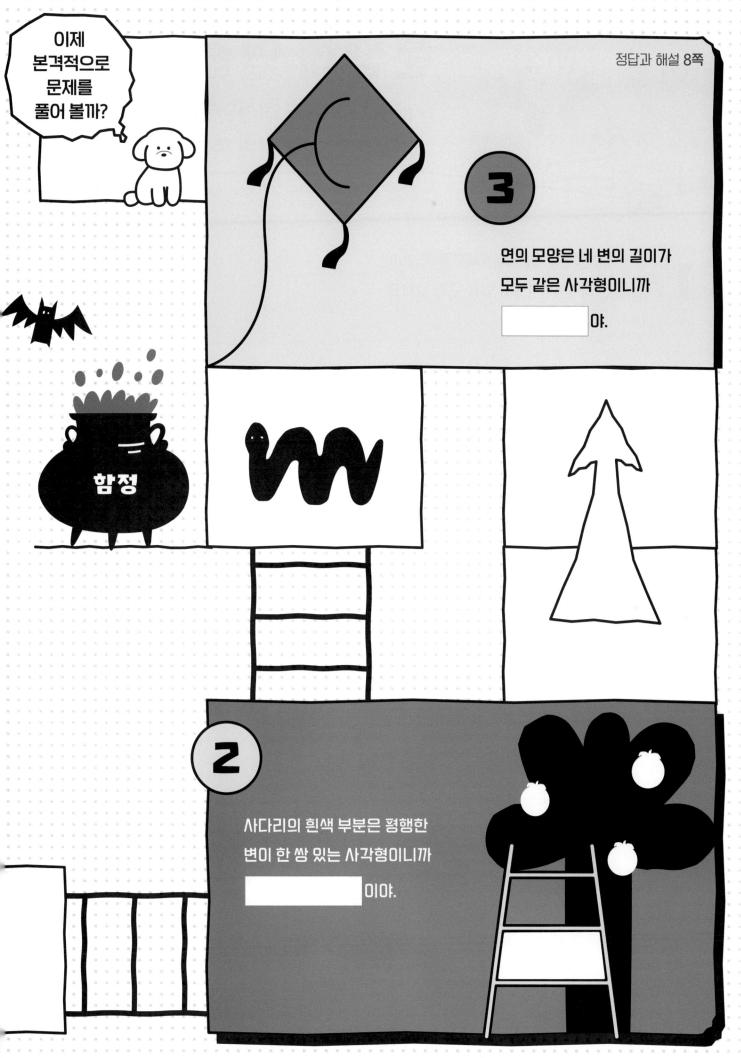

이제 본격적으로 문제를 풀어 볼까?

정답과 해설 8쪽

함정

3

연의 모양은 네 변의 길이가 모두 같은 사각형이니까

☐야.

2

사다리의 흰색 부분은 평행한 변이 한 쌍 있는 사각형이니까

☐이야.

문장제 연습하기

★ 서로 수직인 두 직선과 한 직선이
만날 때 생기는 각의 크기 구하기

1 직선 **가**와 직선 **나**는 서로 수직입니다. /
㉠과 ㉡의 각도의 합을 구해 보세요.

└─ ✦ 구해야 할 것

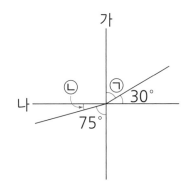

**문제
돋보기**

✔ 직선 **가**와 직선 **나**의 관계는? → 서로 [   ]입니다.

✦ 구해야 할 것은?

→ _____㉠과 ㉡의 각도의 합_____

**풀이
과정**

❶ 직선 **가**와 직선 **나**가 만나서 이루는 각도는?

직선 **가**와 직선 **나**는 서로 수직이므로

두 직선이 만나서 이루는 각도는 [   ]°입니다.

❷ ㉠과 ㉡의 각도는?

㉠＝90°－[   ]°＝[   ]°

㉡＝[   ]°－[   ]°＝[   ]°

❸ ㉠과 ㉡의 각도의 합은?

답 _____

왼쪽 1 번과 같이 문제에 색칠하고 밑줄을 그어 가며 문제를 풀어 보세요.

1-1

직선 **가**와 직선 **나**는 서로 수직입니다. /
㉠과 ㉡의 각도의 차를 구해 보세요.

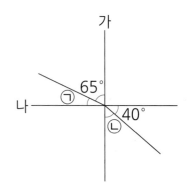

문제 돋보기

✔ 직선 **가**와 직선 **나**의 관계는? → 서로 [   ]입니다.

✦ 구해야 할 것은?

→ _____

풀이 과정

❶ 직선 **가**와 직선 **나**가 만나서 이루는 각도는?

직선 **가**와 직선 **나**는 서로 수직이므로

두 직선이 만나서 이루는 각도는 [   ]°입니다.

❷ ㉠과 ㉡의 각도는?

㉠ = 90° − [   ]° = [   ]°

㉡ = [   ]° − [   ]° = [   ]°

❸ ㉠과 ㉡의 각도의 차는?

[   ]° − [   ]° = [   ]°

답

_____

문제가 어려웠나요?

☐ 어려워요. o.o

☐ 적당해요. ^-^

☐ 쉬워요. >o<

문장제 연습하기

★ 사각형의 한 변의 길이 구하기

2

오른쪽 도형은 /

네 변의 길이의 합이 **40 cm**인 / **평행사변형**입니다. /

변 ㄱㄴ은 몇 cm인가요?

└─→ 구해야 할 것

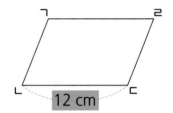

문제 돋보기

✓ 도형의 네 변의 길이의 합은? → ☐ cm

✓ 도형의 이름은? → ☐

✓ 변 ㄴㄷ의 길이는? → ☐ cm

✦ 구해야 할 것은?

→ ＿＿＿＿＿＿＿ 변 ㄱㄴ의 길이 ＿＿＿＿＿＿＿

풀이 과정

❶ 평행사변형의 성질은?

┌→ 알맞은 말에 ○표 하기

마주 보는 두 변의 길이가 (같습니다 , 다릅니다).

❷ 변 ㄱㄴ과 변 ㄴㄷ의 길이의 합은?

(변 ㄱㄴ)＝(변 ☐), (변 ㄴㄷ)＝(변 ☐)

⇨ (변 ㄱㄴ)＋(변 ㄴㄷ)＝ ☐ ÷2＝ ☐ (cm)

└─ 평행사변형의 네 변의 길이의 합

❸ 변 ㄱㄴ의 길이는?

☐ － ☐ ＝ ☐ (cm)

변 ㄱㄴ과 변 ㄴㄷ의 ┘   └─ 변 ㄴㄷ의 길이
길이의 합

답

＿＿＿＿＿＿＿＿＿＿＿

왼쪽 2 번과 같이 문제에 색칠하고 밑줄을 그어 가며 문제를 풀어 보세요.

2-1

오른쪽 도형은 /

네 변의 길이의 합이 30 cm인 / 직사각형입니다. /

변 ㄹㄷ은 몇 cm인가요?

문제 돋보기

✔ 도형의 네 변의 길이의 합은? → ☐ cm

✔ 도형의 이름은? → ☐

✔ 변 ㄴㄷ의 길이는? → ☐ cm

✦ 구해야 할 것은?

→ _____

풀이 과정

❶ 직사각형의 성질은?

마주 보는 두 변의 길이가 (같습니다 , 다릅니다).

❷ 변 ㄴㄷ과 변 ㄹㄷ의 길이의 합은?

(변 ㄴㄷ)=(변 ☐), (변 ㄹㄷ)=(변 ☐)

⇨ (변 ㄴㄷ)+(변 ㄹㄷ)= ☐ ÷2= ☐ (cm)

❸ 변 ㄹㄷ의 길이는?

☐ - ☐ = ☐ (cm)

답 _____

문제가 어려웠나요?

☐ 어려워요. o.o

☐ 적당해요. ^-^

☐ 쉬워요. >o<

문장제 실력 쌓기

★ 서로 수직인 두 직선과 한 직선이 만날 때 생기는
   각의 크기 구하기
★ 사각형의 한 변의 길이 구하기

문제를 읽고 '연습하기'에서 했던 것처럼 밑줄을 그어 가며 문제를 풀어 보세요.

1 오른쪽 도형은 네 변의 길이의 합이 48 cm인 마름모입니다.
변 ㄱㄴ은 몇 cm인가요?

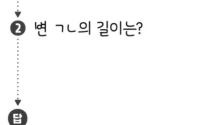

❶ 마름모의 성질은?

❷ 변 ㄱㄴ의 길이는?

답 _____

2 직선 **가**와 직선 **나**는 서로 수직입니다.
㉠과 ㉡의 각도의 합을 구해 보세요.

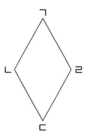

❶ 직선 **가**와 직선 **나**가 만나서 이루는 각도는?

❷ ㉠과 ㉡의 각도는?

❸ ㉠과 ㉡의 각도의 합은?

답 _____

3 오른쪽 도형은 네 변의 길이의 합이 44 cm인
평행사변형입니다. 변 ㄱㄹ은 몇 cm인가요?

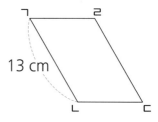

❶ 평행사변형의 성질은?

❷ 변 ㄱㄹ과 변 ㄱㄴ의 길이의 합은?

❸ 변 ㄱㄹ의 길이는?

답 _____

4 직선 **가**와 직선 **나**는 서로 수직입니다.
㉠과 ㉡의 각도의 합을 구해 보세요.

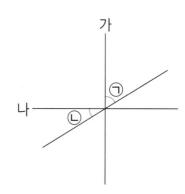

❶ 직선 **가**와 직선 **나**가 만나서 이루는 각도는?

❷ ㉠과 ㉡의 각도의 합은?

답 _____

문장제 연습하기

★ 사각형에서 각의 크기 구하기

6일

1

사각형 ㄱㄴㄷㄹ은 평행사변형입니다. /

각 ㄱㄷㄹ의 크기는 몇 도인가요?

└─→ 구해야 할 것

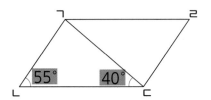

문제 돋보기

✔ 사각형 ㄱㄴㄷㄹ의 이름은? → ☐

✔ 각 ㄱㄴㄷ과 각 ㄱㄷㄴ의 크기는?

→ 각 ㄱㄴㄷ: ☐°, 각 ㄱㄷㄴ: ☐°

✚ 구해야 할 것은?

→ _____ 각 ㄱㄷㄹ의 크기 _____

풀이 과정

❶ 각 ㄱㄴㄷ과 각 ㄴㄷㄹ의 크기의 합은?

평행사변형에서 이웃한 두 각의 크기의 합은 ☐°이므로

(각 ㄱㄴㄷ)+(각 ㄴㄷㄹ)= ☐°입니다.

❷ 각 ㄱㄷㄹ의 크기는?

(각 ㄴㄷㄹ)= ☐° − ☐° = ☐°

각 ㄱㄴㄷ과 각 ㄴㄷㄹ의 ┘   └ 각 ㄱㄴㄷ의 크기
크기의 합

⇨ (각 ㄱㄷㄹ)= ☐° − ☐° = ☐°

각 ㄴㄷㄹ의 크기 ┘   └ 각 ㄴㄷㄱ의 크기

답 _____

44

〰️ 왼쪽 **1** 번과 같이 문제에 색칠하고 밑줄을 그어 가며 문제를 풀어 보세요. 〰️

1-1

사각형 ㄱㄴㄷㄹ은 마름모입니다. /
각 ㄹㄱㄷ의 크기는 몇 도인가요?

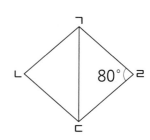

문제 돋보기

✔ 사각형 ㄱㄴㄷㄹ의 이름은? → ☐

✔ 각 ㄱㄹㄷ의 크기는? → ☐°

✚ 구해야 할 것은?

→ _____

풀이 과정

❶ 각 ㄹㄱㄷ과 각 ㄹㄷㄱ의 크기의 합은?

삼각형의 세 각의 크기의 합은 ☐°이므로

(각 ㄹㄱㄷ)+(각 ㄹㄷㄱ)= ☐° − ☐° = ☐°입니다.

      └→ 삼각형의 └→ 각 ㄱㄹㄷ의 크기
        세 각의
        크기의 합

❷ 각 ㄹㄱㄷ의 크기는?

(변 ㄹㄱ)=(변 ☐)이고,

이등변삼각형은 두 각의 크기가 (같으므로 , 다르므로)

(각 ㄹㄱㄷ)=(각 ☐)입니다.

⇨ (각 ㄹㄱㄷ)= ☐° ÷ ☐ = ☐°

답 _____

문제가 어려웠나요?

☐ 어려워요. o.o

☐ 적당해요. ^-^

☐ 쉬워요. >o<

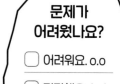

45

문장제 연습하기
★ 크고 작은 사각형의 수 구하기

2

오른쪽은 크기가 같은 정삼각형 8개를 /
겹치지 않게 이어 붙인 것입니다. /
그림에서 찾을 수 있는 /
크고 작은 마름모는 모두 몇 개인가요?
└→ 구해야 할 것

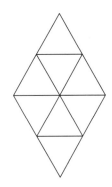

문제 돋보기

✓ 이어 붙인 도형과 그 개수는? → 크기가 같은 [   ] 8개

✦ 구해야 할 것은?

→ 크고 작은 마름모의 수

풀이 과정

❶ 작은 정삼각형 2개짜리, 8개짜리 마름모의 수는?

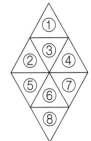

- 작은 정삼각형 2개짜리:

  ①＋③, ②＋[ ], ④＋[ ], ⑥＋[ ],

  ②＋③, ③＋[ ], ⑤＋[ ], ⑥＋[ ] ⇨ [ ]개

- 작은 정삼각형 8개짜리:

  ①＋②＋③＋④＋⑤＋⑥＋⑦＋⑧ ⇨ [ ]개

❷ 크고 작은 마름모의 수는?

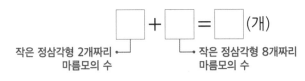

[ ]＋[ ]＝[ ](개)

작은 정삼각형 2개짜리 ┘   └ 작은 정삼각형 8개짜리
마름모의 수   마름모의 수

답 _____

왼쪽 **2** 번과 같이 문제에 색칠하고 밑줄을 그어 가며 문제를 풀어 보세요.

2-1

오른쪽은 크기가 같은 정삼각형 8개를 /
겹치지 않게 이어 붙인 것입니다. /
그림에서 찾을 수 있는 /
크고 작은 평행사변형은 모두 몇 개인가요?

문제 돌보기

✓ 이어 붙인 도형과 그 개수는? → 크기가 같은 [   ] 8개

✦ 구해야 할 것은?

→ _____

풀이 과정

❶ 작은 정삼각형 2개짜리, 4개짜리 평행사변형의 수는?

• 작은 정삼각형 2개짜리:

①+②, ②+③, ③+④, ⑤+[ ], ⑥+[ ],

⑦+[ ], ①+[ ], ③+[ ] ⇨ [ ]개

• 작은 정삼각형 4개짜리: ①+②+③+④, ⑤+⑥+⑦+[ ],

②+③+⑦+[ ], ④+③+⑦+[ ] ⇨ [ ]개

❷ 크고 작은 평행사변형의 수는?

[ ] + [ ] = [ ] (개)

문제가
어려웠나요?

☐ 어려워요. o.o

☐ 적당해요. ^-^

☐ 쉬워요. >o<

답 _____

문장제 실력 쌓기

★ 사각형에서 각의 크기 구하기
★ 크고 작은 사각형의 수 구하기

문제를 읽고 '연습하기'에서 했던 것처럼 밑줄을 그어 가며 문제를 풀어 보세요.

1 사각형 ㄱㄴㄷㄹ은 평행사변형입니다.
각 ㄴㄹㄷ의 크기는 몇 도인가요?

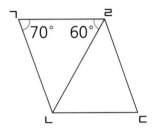

❶ 각 ㄴㄱㄹ과 각 ㄱㄹㄷ의 크기의 합은?

❷ 각 ㄴㄹㄷ의 크기는?

답 _____

2 오른쪽 그림에서 찾을 수 있는
크고 작은 사다리꼴은 모두 몇 개인가요?

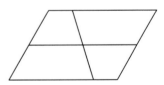

❶ 작은 사각형 1개짜리, 2개짜리, 4개짜리 사다리꼴의 수는?

❷ 크고 작은 사다리꼴의 수는?

답 _____

3 사각형 ㄱㄴㄷㄹ은 마름모입니다.
각 ㄱㄹㄴ의 크기는 몇 도인가요?

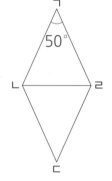

❶ 각 ㄱㄴㄹ과 각 ㄱㄹㄴ의 크기의 합은?

❷ 각 ㄱㄹㄴ의 크기는?

답 _____

4 오른쪽은 크기가 같은 정삼각형 9개를 겹치지 않게 이어 붙인
것입니다. 그림에서 찾을 수 있는 크고 작은 평행사변형은
모두 몇 개인가요?

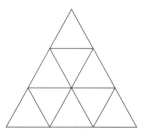

❶ 작은 정삼각형 2개짜리, 4개짜리 평행사변형의 수는?

❷ 크고 작은 평행사변형의 수는?

답 _____

38쪽 서로 수직인 두 직선과 한 직선이 만날 때 생기는 각의 크기 구하기

1 직선 가와 직선 나는 서로 수직입니다.
㉠의 각도를 구해 보세요.

풀이

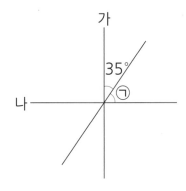

답 _____

40쪽 사각형의 한 변의 길이 구하기

2 오른쪽 도형은 네 변의 길이의 합이 60 cm인
마름모입니다. 변 ㄴㄷ은 몇 cm인가요?

풀이

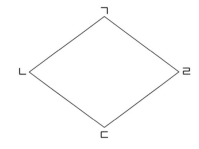

답 _____

46쪽 크고 작은 사각형의 수 구하기

3 크기가 같은 평행사변형 3개를 겹치지 않게
이어 붙인 것입니다. 그림에서 찾을 수 있는
크고 작은 평행사변형은 모두 몇 개인가요?

풀이

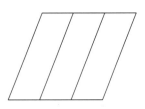

답 _____

38쪽 서로 수직인 두 직선과 한 직선이 만날 때 생기는 각의 크기 구하기

4 직선 가와 직선 나는 서로 수직입니다.
㉠과 ㉡의 각도의 차를 구해 보세요.

풀이

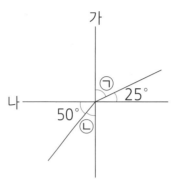

답 _____

46쪽 크고 작은 사각형의 수 구하기

5 크기가 같은 마름모 6개를 겹치지 않게
이어 붙인 것입니다. 그림에서 찾을 수 있는
크고 작은 마름모는 모두 몇 개인가요?

풀이

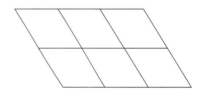

답 _____

38쪽 서로 수직인 두 직선과 한 직선이 만날 때 생기는 각의 크기 구하기

6 직선 가와 직선 나는 서로 수직입니다.
㉠의 각도를 구해 보세요.

풀이

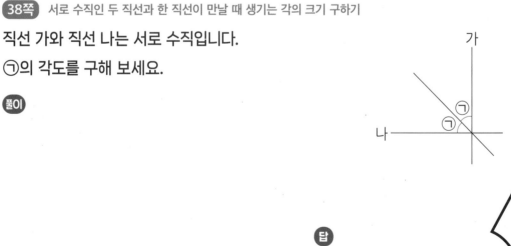

답 _____

단원 마무리

40쪽 사각형의 한 변의 길이 구하기

7 네 변의 길이의 합이 26 cm인 평행사변형입니다.
변 ㄱㄴ은 몇 cm인가요?

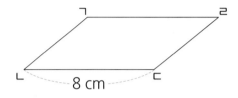

풀이

답 _____

44쪽 사각형에서 각의 크기 구하기

8 사각형 ㄱㄴㄷㄹ은 평행사변형입니다.
각 ㄱㄷㄴ의 크기는 몇 도인가요?

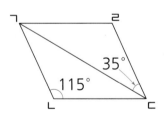

풀이

답 _____

46쪽 크고 작은 사각형의 수 구하기

9 크기가 같은 정삼각형 10개를 겹치지 않게 이어 붙인 것입니다.
그림에서 찾을 수 있는 크고 작은 평행사변형은 모두 몇 개인가요?

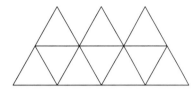

풀이

답 _____

도전! 10 **44쪽** 사각형에서 각의 크기 구하기

사각형 ㄱㄴㄷㄹ은 마름모입니다.
각 ㄹㄷㄱ의 크기는 몇 도인가요?

❶ 각 ㄱㄹㄷ의 크기는?

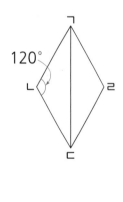

❷ 각 ㄹㄱㄷ과 각 ㄹㄷㄱ의 크기의 합은?

❸ 각 ㄹㄷㄱ의 크기는?

답 _____

정답과 해설 39쪽에 풀이 과정 이 QR코드를 찍으면 몬스터를 키울 수 있어요!

3 소수의
덧셈과 뺄셈

내가 낸 문제를 모두 풀어야
몰랑이를 구할 수 있어!

함께 풀어 봐요!

화살표를 따라가며 문장을 완성해 보세요.

시작!

1

마당에 있는 나무의 키는 168 cm야.

나무의 키가 몇 m인지 소수로 나타내면

[ ] m야.

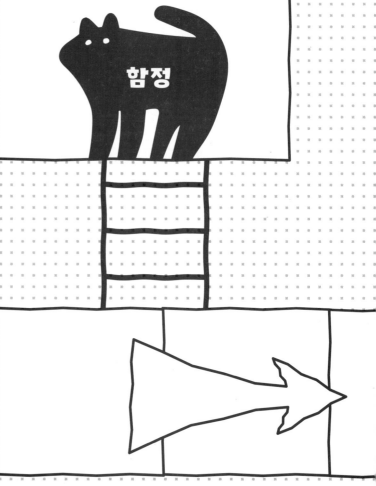

함정

조금만
더 힘내자!

3

물 2.49 L와 우유 3.17 L가 있어.
우유는 물보다

☐ − ☐ = ☐ (L)

더 많아.

물

우유

함정

내 이름은 '코코'다!
여길 지나가려면
문장을 모두 완성해야 해.

2

풀 한 개의 무게는 8.75 g이야.
풀 10개의 무게는 ☐ g이야.

문장제 연습하기

★ 조건을 만족하는 소수 구하기

1 조건을 모두 만족하는 소수를 구해 보세요.

＋ 구해야 할 것

> • 소수 두 자리 수입니다.
> • 2보다 크고 3보다 작습니다.
> • 소수 첫째 자리 숫자는 0입니다.
> • 소수 둘째 자리 숫자는 5입니다.

문제 돋보기

✔ 소수의 자리 수는? → 소수 ☐ 자리 수

✔ 소수의 범위는? → ☐ 보다 크고 ☐ 보다 작습니다.

✔ 소수 첫째, 둘째 자리 숫자는?

→ 소수 첫째 자리 숫자: ☐, 소수 둘째 자리 숫자: ☐

＋ 구해야 할 것은?

→ ＿＿＿＿＿＿＿ 조건을 모두 만족하는 소수 ＿＿＿＿＿＿＿

풀이 과정

❶ 소수의 일의 자리 숫자는?

☐ 보다 크고 ☐ 보다 작으므로 소수의 일의 자리 숫자는 ☐ 입니다.

❷ 조건을 모두 만족하는 소수는?

소수 첫째 자리 숫자가 ☐, 소수 둘째 자리 숫자가 ☐ 이므로

조건을 모두 만족하는 소수는 ☐.☐☐ 입니다.

답 ＿＿＿＿＿＿＿＿＿＿

58

왼쪽 **1** 번과 같이 문제에 색칠하고 밑줄을 그어 가며 문제를 풀어 보세요.

1-1

조건을 모두 만족하는 소수를
구해 보세요.

> • 소수 세 자리 수입니다.
> • 5보다 크고 6보다 작습니다.
> • 소수 첫째 자리 숫자는 7, 소수 둘째 자리 숫자는 1,
>   소수 셋째 자리 숫자는 가장 큰 한 자리 수입니다.

**문제
돋보기**

✔ 소수의 자리 수는? → 소수 [ ] 자리 수

✔ 소수의 범위는? → [ ] 보다 크고 [ ] 보다 작습니다.

✔ 소수 첫째, 둘째, 셋째 자리 숫자는?

→ 소수 첫째 자리 숫자: [ ], 소수 둘째 자리 숫자: [ ],

소수 셋째 자리 숫자: 가장 큰 [ ] 자리 수

✦ 구해야 할 것은?

→ _____

**풀이
과정**

❶ 소수의 일의 자리 숫자는?

[ ] 보다 크고 [ ] 보다 작으므로 소수의 일의 자리 숫자는 [ ] 입니다.

❷ 조건을 모두 만족하는 소수는?

소수 첫째 자리 숫자가 [ ], 소수 둘째 자리 숫자가 [ ],

소수 셋째 자리 숫자가 [ ] 이므로

조건을 모두 만족하는 소수는 [ ].[ ][ ][ ] 입니다.

**문제가
어려웠나요?**

☐ 어려워요. o.o

☐ 적당해요. ^-^

☐ 쉬워요. >o<

답

_____

59

문장제 연습하기

2 0부터 9까지의 수 중에서 /

□ 안에 들어갈 수 있는 수를 모두 구해 보세요.

└─▸ 구해야 할 것

$$0.268 < 0.2\square4$$

문제 돋보기

✔ □ 안에 들어갈 수 있는 수의 범위는?

→ ☐ 부터 ☐ 까지의 수

✔ 0.2□4는 어떤 수?

→ 0.2□4는 ☐ 보다 큰 수입니다.

✦ 구해야 할 것은?

→ _____ □ 안에 들어갈 수 있는 수

_____

풀이 과정

❶ 자연수 부분과 소수 첫째 자리 수, 소수 셋째 자리 수를 각각 비교하면?

자연수 부분은 ☐ , 소수 첫째 자리 수는 ☐ (으)로 각각 같고,

소수 셋째 자리 수는 ☐ > ☐ 입니다.

❷ □ 안에 들어갈 수 있는 수는?

□ 안에 들어갈 수 있는 수는 ☐ 보다 큰 수이므로

☐ , ☐ , ☐ 입니다.

답 _____

왼쪽 2 번과 같이 문제에 색칠하고 밑줄을 그어 가며 문제를 풀어 보세요.

2-1

0부터 9까지의 수 중에서 /

□ 안에 들어갈 수 있는 수를 모두 구해 보세요.

$$5.1\square7 < 5.139$$

문제 돋보기

✓ □ 안에 들어갈 수 있는 수의 범위는?

→ ☐ 부터 ☐ 까지의 수

✓ 5.1□7은 어떤 수?

→ 5.1□7은 ☐ 보다 작은 수입니다.

✦ 구해야 할 것은?

→ _____

풀이 과정

❶ 자연수 부분과 소수 첫째 자리 수, 소수 셋째 자리 수를 각각 비교하면?

자연수 부분은 ☐, 소수 첫째 자리 수는 ☐ (으)로 각각 같고,

소수 셋째 자리 수는 ☐ < ☐ 입니다.

❷ □ 안에 들어갈 수 있는 수는?

□ 안에 들어갈 수 있는 수는 ☐ 와(과) 같거나 ☐ 보다

작은 수이므로 ☐ , ☐ , ☐ , ☐ 입니다.

답 _____

문제가 어려웠나요?

☐ 어려워요. o.o

☐ 적당해요. ^-^

☐ 쉬워요. >o<

문제를 읽고 '연습하기'에서 했던 것처럼 밑줄을 그어 가며 문제를 풀어 보세요.

1 조건을 모두 만족하는 소수를 구해 보세요.

> • 소수 두 자리 수입니다.
> • 7보다 크고 8보다 작습니다.
> • 소수 첫째 자리 숫자는 2입니다.
> • 소수 둘째 자리 숫자는 4입니다.

❶ 소수의 일의 자리 숫자는?

❷ 조건을 모두 만족하는 소수는?

답 _____

2 0부터 9까지의 수 중에서 □ 안에 들어갈 수 있는 수를 모두 구해 보세요.

> 1.9□2 > 1.956

❶ 자연수 부분과 소수 첫째 자리 수, 소수 셋째 자리 수를 각각 비교하면?

❷ □ 안에 들어갈 수 있는 수는?

답 _____

3 조건을 모두 만족하는 소수를 구해 보세요.

> • 소수 세 자리 수입니다.
> • 0보다 크고 1보다 작습니다.
> • 소수 첫째 자리 숫자는 3으로 나누어떨어지는 수 중 가장 큰 수입니다.
> • 소수 둘째 자리 숫자는 6입니다.
> • 소수 셋째 자리 숫자는 일의 자리 숫자보다 1만큼 더 큽니다.

❶ 소수의 일의 자리 숫자는?

❷ 조건을 모두 만족하는 소수는?

답 _____

4 0부터 9까지의 수 중에서 □ 안에 들어갈 수 있는 수는 모두 몇 개인가요?

> 8.724 > 8.7□1

❶ 자연수 부분과 소수 첫째 자리 수, 소수 셋째 자리 수를 각각 비교하면?

❷ □ 안에 들어갈 수 있는 수는 모두 몇 개?

답 _____

1

밤을 민서는 3.06 kg 주웠고, /

성재는 민서보다 1.28 kg 더 적게 주웠습니다. /

민서와 성재가 주운 밤은 모두 몇 kg인가요?

└─ ✦ 구해야 할 것

문제 돋보기

✓ 민서가 주운 밤의 양은? → ☐ kg

✓ 성재가 주운 밤의 양은?

→ 민서보다 ☐ kg 더 적습니다.

✦ 구해야 할 것은?

→ ___민서와 성재가 주운 밤의 양의 합___

풀이 과정

❶ 성재가 주운 밤의 양은?

┌─ +, −, ×, ÷ 중 알맞은 것 쓰기

☐ ◯ ☐ = ☐ (kg)

└─ 민서가 주운 밤의 양

❷ 민서와 성재가 주운 밤의 양은?

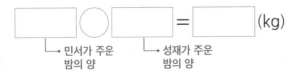

☐ ◯ ☐ = ☐ (kg)

└─ 민서가 주운 밤의 양   └─ 성재가 주운 밤의 양

답 _____

왼쪽 **1** 번과 같이 문제에 색칠하고 밑줄을 그어 가며 문제를 풀어 보세요.

1-1

유라는 끈으로 선물을 포장하고 있습니다. /
노란색 끈을 2.95 m 사용했고, / 초록색 끈을
노란색 끈보다 0.47 m 더 길게 사용했습니다. /
유라가 사용한 끈은 모두 몇 m인가요?

**문제
돋보기**

✓ 사용한 노란색 끈의 길이는? → [   ] m

✓ 사용한 초록색 끈의 길이는?

→ 노란색 끈보다 [   ] m 더 깁니다.

✦ 구해야 할 것은?

→ _____

**풀이
과정**

❶ 사용한 초록색 끈의 길이는?

[   ] ◯ [   ] = [   ] (m)

❷ 유라가 사용한 끈의 길이는?

[   ] ◯ [   ] = [   ] (m)

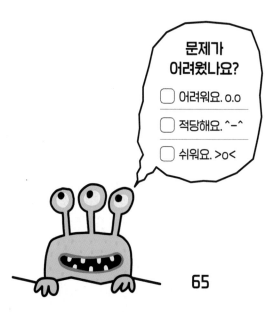

문제가
어려웠나요?

☐ 어려워요. o.o

☐ 적당해요. ^-^

☐ 쉬워요. >o<

답 _____

문장제 연습하기

★ 바르게 계산한 값 구하기

2

4.7에서 어떤 수를 빼야 할 것을 /
잘못하여 더했더니 6이 되었습니다. /
바르게 계산한 값은 얼마인가요?

└─→ 구해야 할 것

문제 돌보기

✔ 잘못 계산한 식은?

→ ☐ 에 어떤 수를 더했더니 ☐ 이(가) 되었습니다.

✔ 바르게 계산하려면?

→ ☐ 에서 어떤 수를 뺍니다.

✦ 구해야 할 것은?

→ _____ 바르게 계산한 값

풀이 과정

❶ 어떤 수를 ■라 할 때, 잘못 계산한 식은?

☐ + ■ = ☐

❷ 어떤 수는?

☐ − ☐ = ■, ■ = ☐

❸ 바르게 계산한 값은?

☐ ◯ ☐ = ☐
  └→ 어떤 수

답 _____

왼쪽 **2**번과 같이 문제에 색칠하고 밑줄을 그어 가며 문제를 풀어 보세요.

2-1

어떤 수에 3.85를 더해야 할 것을 /
잘못하여 뺐더니 0.39가 되었습니다. /
바르게 계산한 값은 얼마인가요?

문제 돋보기

✔ 잘못 계산한 식은?

→ 어떤 수에서 [   ]을(를) 뺐더니 [   ]이(가) 되었습니다.

✔ 바르게 계산하려면?

→ 어떤 수에 [   ]을(를) 더합니다.

✦ 구해야 할 것은?

→ _____

풀이 과정

❶ 어떤 수를 ■라 할 때, 잘못 계산한 식은?

■ − [   ] = [   ]

❷ 어떤 수는?

[   ] + [   ] = ■, ■ = [   ]

❸ 바르게 계산한 값은?

[   ] ◯ [   ] = [   ]
└→ 어떤 수

답 _____

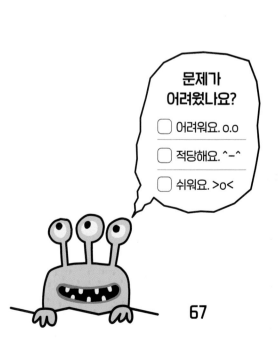

**문제가
어려웠나요?**

☐ 어려워요. o.o

☐ 적당해요. ^-^

☐ 쉬워요. >o<

문장제 실력 쌓기

★ 소수의 덧셈과 뺄셈
★ 바르게 계산한 값 구하기

문제를 읽고 '연습하기'에서 했던 것처럼 밑줄을 그어 가며 문제를 풀어 보세요.

1 우유가 2.03 L 있고, 주스가 우유보다 0.15 L 더 적게 있습니다.
우유와 주스는 모두 몇 L인가요?

❶ 주스의 양은?

❷ 우유와 주스의 양의 합은?

답 _____

2 어떤 수에서 0.77을 빼야 할 것을 잘못하여 더했더니 2.35가 되었습니다.
바르게 계산한 값은 얼마인가요?

❶ 어떤 수를 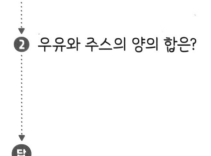라 할 때, 잘못 계산한 식은?

❷ 어떤 수는?

❸ 바르게 계산한 값은?

답 _____

3 5.62에 어떤 수를 더해야 할 것을 잘못하여 뺐더니 1.43이 되었습니다.
바르게 계산한 값은 얼마인가요?

❶ 어떤 수를 ▨라 할 때, 잘못 계산한 식은?

❷ 어떤 수는?

❸ 바르게 계산한 값은?

답 _____

4 밀가루가 4 kg 있었습니다. 밀가루를 수제비를 만드는 데 0.59 kg 사용했고,
빵을 만드는 데 수제비보다 1.22 kg 더 많이 사용했습니다.
수제비와 빵을 만드는 데 사용하고 남은 밀가루는 몇 kg인가요?

❶ 빵을 만드는 데 사용한 밀가루의 양은?

❷ 사용하고 남은 밀가루의 양은?

답 _____

문장제 연습하기
★ 카드로 만든 소수의 합(차) 구하기

1

4장의 카드 [.], [1], [5], [7] 을 한 번씩 모두 사용하여 /

소수 두 자리 수를 만들려고 합니다. /

만들 수 있는 가장 큰 수와 가장 작은 수의 합을 / 구해 보세요.

└─◆ 구해야 할 것

문제 돋보기

✔ 만들려고 하는 수는? → 소수 [　] 자리 수

◆ 구해야 할 것은?

→ _____만들 수 있는 가장 큰 수와 가장 작은 수의 합_____

✔ 가장 큰 수와 가장 작은 수를 만들려면?
┌─◆ 알맞은 말에 ○표 하기
→ 가장 큰 수는 앞에서부터 (큰 , 작은) 수를 차례로 놓고,

　 가장 작은 수는 앞에서부터 (큰 , 작은) 수를 차례로 놓습니다.

풀이 과정

❶ 만들 수 있는 가장 큰 수와 가장 작은 수를 각각 구하면?

수 카드의 수의 크기를 비교하면 [　] > [　] > [　] 이므로

만들 수 있는 가장 큰 소수 두 자리 수는 [　].[　][　] 이고,

가장 작은 소수 두 자리 수는 [　].[　][　] 입니다.

❷ 위 ❶에서 만든 두 수의 합은?

[　　　] + [　　　] = [　　　]

└─◆ 가장 큰　　└─◆ 가장 작은
　　소수 두 자리 수　　　소수 두 자리 수

답 _____

70

왼쪽 **1** 번과 같이 문제에 색칠하고 밑줄을 그어 가며 문제를 풀어 보세요.

1-1

4장의 카드 **.** , **2** , **3** , **4** 를 한 번씩 모두 사용하여 /

소수 두 자리 수를 만들려고 합니다. /

만들 수 있는 가장 큰 수와 가장 작은 수의 차를 / 구해 보세요.

문제 돌보기

✔ 만들려고 하는 수는? → 소수 ☐ 자리 수

✦ 구해야 할 것은?

→ _____

✔ 가장 큰 수와 가장 작은 수를 만들려면?

→ 가장 큰 수는 앞에서부터 (큰 , 작은) 수를 차례로 놓고,

가장 작은 수는 앞에서부터 (큰 , 작은) 수를 차례로 놓습니다.

풀이 과정

❶ 만들 수 있는 가장 큰 수와 가장 작은 수를 각각 구하면?

수 카드의 수의 크기를 비교하면 ☐ > ☐ > ☐ 이므로

만들 수 있는 가장 큰 소수 두 자리 수는 ☐.☐☐ 이고,

가장 작은 소수 두 자리 수는 ☐.☐☐ 입니다.

❷ 위 ❶에서 만든 두 수의 차는?

☐☐ − ☐☐ = ☐☐

답 _____

문제가 어려웠나요?

☐ 어려워요. o.o

☐ 적당해요. ^-^

☐ 쉬워요. >o<

2

길이가 0.9 m인 색 테이프 2장을 /

그림과 같이 25 cm만큼 겹치게 이어 붙였습니다. /

이어 붙인 색 테이프의 전체 길이는 몇 m인가요?

└─→ 구해야 할 것

0.9 m   0.9 m

25 cm

**문제
돋보기**

✔ 색 테이프 2장의 각각의 길이는? → ☐ m

✔ 겹쳐진 부분의 길이는? → ☐ cm

✦ 구해야 할 것은?

→ 이어 붙인 색 테이프의 전체 길이

**풀이
과정**

❶ 색 테이프 2장의 길이의 합은?

☐ ○ ☐ = ☐ (m)

❷ 겹쳐진 부분의 길이를 m로 나타내면?

25 cm = ☐ m

❸ 이어 붙인 색 테이프의 전체 길이는?

☐ ○ ☐ = ☐ (m)

└→ 색 테이프   └→ 겹쳐진 부분의 길이
   2장의
   길이의 합

답 _____

왼쪽 2번과 같이 문제에 색칠하고 밑줄을 그어 가며 문제를 풀어 보세요.

2-1

길이가 2.6 m인 색 테이프 2장을 /

그림과 같이 60 cm만큼 겹치게 이어 붙였습니다. /

이어 붙인 색 테이프의 전체 길이는 몇 m인가요?

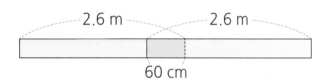

문제 돋보기

✓ 색 테이프 2장의 각각의 길이는? → ☐ m

✓ 겹쳐진 부분의 길이는? → ☐ cm

✦ 구해야 할 것은?

→ _____

풀이 과정

❶ 색 테이프 2장의 길이의 합은?

☐ ◯ ☐ = ☐ (m)

❷ 겹쳐진 부분의 길이를 m로 나타내면?

60 cm = ☐ m

❸ 이어 붙인 색 테이프의 전체 길이는?

☐ ◯ ☐ = ☐ (m)

답 _____

문제가 어려웠나요?

☐ 어려워요. o.o

☐ 적당해요. ^-^

☐ 쉬워요. >o<

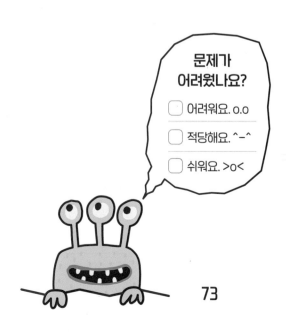

73

문제를 읽고 '연습하기'에서 했던 것처럼 밑줄을 그어 가며 문제를 풀어 보세요.

1 4장의 카드 $\boxed{.}$, $\boxed{2}$, $\boxed{6}$, $\boxed{8}$ 을 한 번씩 모두 사용하여 소수 두 자리 수를

만들려고 합니다. 만들 수 있는 가장 큰 수와 가장 작은 수의 합을 구해 보세요.

❶ 만들 수 있는 가장 큰 수와 가장 작은 수를 각각 구하면?

❷ 위 ❶에서 만든 두 수의 합은?

답 _____

2 길이가 1.5 m인 색 테이프 2장을 20 cm만큼 겹치게 한 줄로 길게 이어 붙였습니다.
이어 붙인 색 테이프의 전체 길이는 몇 m인가요?

❶ 색 테이프 2장의 길이의 합은?

❷ 겹쳐진 부분의 길이를 m로 나타내면?

❸ 이어 붙인 색 테이프의 전체 길이는?

답 _____

3 길이가 0.8 m인 색 테이프 3장을 9 cm만큼 겹치게 한 줄로 길게 이어 붙였습니다.
이어 붙인 색 테이프의 전체 길이는 몇 m인가요?

❶ 색 테이프 3장의 길이의 합은?

❷ 겹쳐진 부분의 길이의 합은?

❸ 이어 붙인 색 테이프의 전체 길이는?

답 _____

4 4장의 카드 $\boxed{.}$, $\boxed{5}$, $\boxed{0}$, $\boxed{9}$ 를 한 번씩 모두 사용하여 소수 두 자리 수를

만들려고 합니다. 만들 수 있는 가장 큰 수와 가장 작은 수의 차를 구해 보세요.
(단, 소수 둘째 자리 숫자가 0인 경우는 제외합니다.)

❶ 만들 수 있는 가장 큰 수와 가장 작은 수를 각각 구하면?

❷ 위 ❶에서 만든 두 수의 차는?

답 _____

[58쪽] **조건을 만족하는 소수 구하기**

1 조건을 모두 만족하는 소수 두 자리 수를 구해 보세요.

> • 1보다 크고 2보다 작습니다.
> • 소수 첫째 자리 숫자는 9, 소수 둘째 자리 숫자는 5입니다.

풀이

답 _____

[64쪽] **소수의 덧셈과 뺄셈**

2 철사가 1 m 있었습니다. 그중에서 동훈이가 0.37 m를 사용했고, 세린이가 0.25 m를 사용했습니다. 두 사람이 사용하고 남은 철사는 몇 m인가요?

풀이

답 _____

[60쪽] **□ 안에 들어갈 수 있는 수 구하기**

3 0부터 9까지의 수 중에서 □ 안에 들어갈 수 있는 수를 모두 구해 보세요.

$$0.234 > 0.2\square8$$

풀이

답 _____

64쪽 소수의 덧셈과 뺄셈

4 고구마 상자의 무게는 4.72 kg이고, 감자 상자는 고구마 상자보다 2.56 kg 더 무겁습니다. 고구마 상자와 감자 상자의 무게의 합은 몇 kg인가요?

풀이

탑 _____

66쪽 바르게 계산한 값 구하기

5 어떤 수에 2.8을 더해야 할 것을 잘못하여 뺐더니 1.8이 되었습니다. 바르게 계산한 값은 얼마인가요?

풀이

탑 _____

60쪽 □ 안에 들어갈 수 있는 수 구하기

6 0부터 9까지의 수 중에서 □ 안에 들어갈 수 있는 수는 모두 몇 개인가요?

$$9.0\square6 > 9.051$$

풀이

탑 _____

단원 마무리

66쪽 바르게 계산한 값 구하기

7 6.46에서 어떤 수를 빼야 할 것을 잘못하여 더했더니 9.25가 되었습니다.
바르게 계산한 값은 얼마인가요?

풀이

답 _____

72쪽 이어 붙인 색 테이프의 전체 길이 구하기

8 길이가 1.7 m인 색 테이프 2장을 그림과 같이 50 cm만큼 겹치게 이어
붙였습니다. 이어 붙인 색 테이프의 전체 길이는 몇 m인가요?

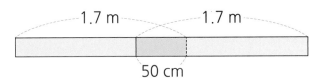

풀이

답 _____

70쪽   카드로 만든 소수의 합(차) 구하기

9   4장의 카드 $\boxed{\ .\ }$, $\boxed{3}$, $\boxed{4}$, $\boxed{8}$ 을 한 번씩 모두 사용하여

소수 두 자리 수를 만들려고 합니다.

만들 수 있는 가장 큰 수와 가장 작은 수의 합과 차를 각각 구해 보세요.

풀이

답 합: _____ , 차: _____

도전!
10   72쪽   이어 붙인 색 테이프의 전체 길이 구하기

색 테이프 3장을 그림과 같이 같은 길이만큼 겹치게 이어 붙였습니다. 이어 붙인
색 테이프의 전체 길이가 6.78 m일 때, ㉠에 알맞은 수를 구해 보세요.

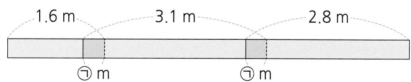

① 색 테이프 3장의 길이의 합은?

② 겹쳐진 부분의 길이의 합은?

③ ㉠에 알맞은 수는?

내
가
지
다
니
…

답 _____

4 다각형

내가 낸 문제를 모두 풀어야
몰랑이를 구할 수 있어!

문장제 준비 하기

함께 풀어 봐요!

화살표를 따라가며 문장을 완성해 보세요.

시작!

변의 길이가 모두 같고, 각의 크기가

모두 같은 다각형은 [　　　　　]이야.

표지판의 모양은 변이 6개이고,

변의 길이가 모두 같으니까

[　　　　　]이야.

정지 STOP

함정

정답과 해설 19쪽

2

한 변이 6 m인 정육각형 모양의 울타리의 둘레는 ⬚ m야.

6m

함정

나는 '바오'다!
문장을 모두 완성하면
여길 지나가게
해 주겠어!

파이팅!
잘할 수 있어~!

1

길이가 1 m인 철사를 겹치지 않게 사용하여 /

한 변의 길이가 15 cm인 정다각형을 한 개 만들었습니다. /

남은 철사의 길이가 25 cm일 때, / 만든 정다각형의 이름은 무엇인가요?

└─◆ 구해야 할 것

문제 돋보기

✔ 철사의 길이는? → ☐ m

✔ 만든 도형은? → 한 변의 길이가 ☐ cm인 정다각형

✔ 남은 철사의 길이는? → ☐ cm

✦ 구해야 할 것은?

→ _____ 만든 정다각형의 이름 _____

풀이 과정

❶ 정다각형의 둘레는?

1 m = ☐ cm

⇨ (정다각형의 둘레) = ☐ − ☐ = ☐ (cm)

철사의 길이 ┘   └ 남은 철사의 길이

❷ 정다각형의 변의 수는?

☐ ÷ ☐ = ☐ (개)

정다각형의 둘레 ┘   └ 정다각형의 한 변의 길이

❸ 정다각형의 이름은?

변이 ☐ 개이므로 ☐ 입니다.

답

_____

왼쪽 **1** 번과 같이 문제에 색칠하고 밑줄을 그어 가며 문제를 풀어 보세요.

1-1

길이가 2 m인 끈을 겹치지 않게 사용하여 /

한 변의 길이가 20 cm인 정다각형을 한 개 만들었습니다. /

남은 끈의 길이가 80 cm일 때, / 만든 정다각형의 이름은 무엇인가요?

문제 돋보기

✔ 끈의 길이는? → ☐ m

✔ 만든 도형은? → 한 변의 길이가 ☐ cm인 정다각형

✔ 남은 끈의 길이는? → ☐ cm

✦ 구해야 할 것은?

→ _____

풀이 과정

❶ 정다각형의 둘레는?

2 m = ☐ cm

⇨ (정다각형의 둘레) = ☐ − ☐ = ☐ (cm)

❷ 정다각형의 변의 수는?

☐ ÷ ☐ = ☐ (개)

❸ 정다각형의 이름은?

변이 ☐ 개이므로 ☐ 입니다.

답 _____

문제가 어려웠나요?

☐ 어려워요. o.o

☐ 적당해요. ^-^

☐ 쉬워요. >o<

2 오른쪽 <u>정오각형의</u> / 한 각의 크기는 몇 도인가요?
└─ ✦ 구해야 할 것

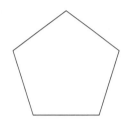

문제 돋보기

✔ 주어진 도형의 이름은? → _____

✦ 구해야 할 것은?

→ _____정오각형의 한 각의 크기_____

풀이 과정

❶ 정오각형의 성질은?

☐ 개의 모든 각의 크기가 (같습니다 , 다릅니다).

❷ 정오각형의 모든 각의 크기의 합은?

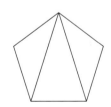

정오각형은 삼각형 ☐ 개로 나눌 수 있습니다.

삼각형의 세 각의 크기의 합은 ☐ °입니다.

➡ (정오각형의 모든 각의 크기의 합)

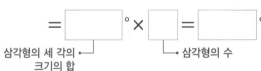

= ☐ ° × ☐ = ☐ °

└─ 삼각형의 세 각의
   크기의 합   └─ 삼각형의 수

❸ 정오각형의 한 각의 크기는?

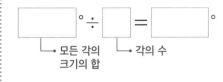

☐ ° ÷ ☐ = ☐ °

└─ 모든 각의
   크기의 합   └─ 각의 수

답 _____

왼쪽 2 번과 같이 문제에 색칠하고 밑줄을 그어 가며 문제를 풀어 보세요.

2-1

오른쪽 정육각형의 / 한 각의 크기는 몇 도인가요?

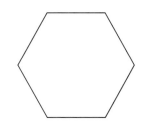

문제 돋보기

✔ 주어진 도형의 이름은? → ⬜

✚ 구해야 할 것은?

→ _____

풀이 과정

❶ 정육각형의 성질은?

⬜ 개의 모든 각의 크기가 (같습니다 , 다릅니다).

❷ 정육각형의 모든 각의 크기의 합은?

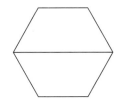

정육각형은 사각형 ⬜ 개로 나눌 수 있습니다.

사각형의 네 각의 크기의 합은 ⬜°입니다.

⇨ (정육각형의 모든 각의 크기의 합)

= ⬜° × ⬜ = ⬜°

　└ 사각형의 네 각의 크기의 합　　└ 사각형의 수

❸ 정육각형의 한 각의 크기는?

⬜° ÷ ⬜ = ⬜°

답 _____

문제가 어려웠나요?

⬜ 어려워요. o.o

⬜ 적당해요. ^-^

⬜ 쉬워요. >o<

문장제 실력 쌓기

★ 만든 정다각형의 이름 구하기
★ 정다각형의 한 각의 크기 구하기

문제를 읽고 '연습하기'에서 했던 것처럼 밑줄을 그어 가며 문제를 풀어 보세요.

1 길이가 3 m인 철사를 겹치지 않게 사용하여 한 변의 길이가 30 cm인 정다각형을 한 개 만들었습니다. 남은 철사의 길이가 60 cm일 때, 만든 정다각형의 이름은 무엇인가요?

❶ 정다각형의 둘레는?

❷ 정다각형의 변의 수는?

❸ 정다각형의 이름은?

답 _____

2 오른쪽 정팔각형의 한 각의 크기는 몇 도인가요?

❶ 정팔각형의 성질은?

❷ 정팔각형의 모든 각의 크기의 합은?

❸ 정팔각형의 한 각의 크기는?

답 _____

88

3 길이가 4 m인 끈을 똑같이 2도막으로 자른 후 그중 한 도막을 겹치지 않게 사용하여 한 변의 길이가 25 cm인 정다각형을 한 개 만들었습니다.
남은 끈의 길이가 25 cm일 때, 만든 정다각형의 이름은 무엇인가요?

❶ 정다각형의 둘레는?

❷ 정다각형의 변의 수는?

❸ 정다각형의 이름은?

답 ＿＿＿＿＿＿＿＿＿＿＿＿＿＿＿

4 오른쪽 정오각형에서 ㉠의 각도는 몇 도인가요?

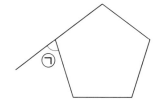

❶ 정오각형의 모든 각의 크기의 합은?

❷ 정오각형의 한 각의 크기는?

❸ ㉠의 각도는?

답 ＿＿＿＿＿＿＿＿＿＿＿＿＿＿＿

문장제 연습하기

★ 직사각형에 대각선을 그었을 때 생기는
각의 크기 구하기

1

사각형 ㄱㄴㄷㄹ은 직사각형입니다. /
각 ㄹㄱㅁ의 크기는 몇 도인가요?

└─◆ 구해야 할 것

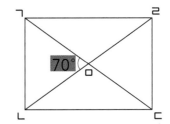

문제 돋보기

✔ 사각형 ㄱㄴㄷㄹ의 이름은? → ☐

✔ 각 ㄱㅁㄴ의 크기는? → ☐°

◆ 구해야 할 것은?

→ _____각 ㄹㄱㅁ의 크기_____

풀이 과정

❶ 각 ㄱㅁㄹ의 크기는?

180° − ☐° = ☐°

❷ 삼각형 ㄱㅁㄹ의 이름은?

직사각형은 두 대각선의 길이가 (같고 , 다르고) 한 대각선이 다른 대각선을

이등분하므로 삼각형 ㄱㅁㄹ은 (선분 ㄱㅁ) = (선분 ☐)인

☐ 입니다.

❸ 각 ㄹㄱㅁ의 크기는?

(각 ㄹㄱㅁ) + (각 ㄱㄹㅁ) = ☐° − ☐° = ☐°

└─ 삼각형의 세 각의 크기의 합   └─ 각 ㄱㅁㄹ의 크기

⇨ (각 ㄹㄱㅁ) = (각 ㄱㄹㅁ) = ☐° ÷ 2 = ☐°

답 _____

왼쪽 1 번과 같이 문제에 색칠하고 밑줄을 그어 가며 문제를 풀어 보세요.

1-1

사각형 ㄱㄴㄷㄹ은 직사각형입니다. /
각 ㅁㄴㄷ의 크기는 몇 도인가요?

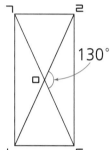

130°

**문제
돋보기**

✔ 사각형 ㄱㄴㄷㄹ의 이름은? → ☐

✔ 각 ㄹㅁㄷ의 크기는? → ☐ °

✦ 구해야 할 것은?

→ _____

**풀이
과정**

❶ 각 ㄴㅁㄷ의 크기는?

☐ ° − ☐ ° = ☐ °

❷ 삼각형 ㅁㄴㄷ의 이름은?

직사각형은 두 대각선의 길이가 (같고 , 다르고) 한 대각선이 다른 대각선을

이등분하므로 삼각형 ㅁㄴㄷ은 (선분 ㅁㄴ)=(선분 ☐)인

☐ 입니다.

❸ 각 ㅁㄴㄷ의 크기는?

(각 ㅁㄴㄷ)+(각 ㅁㄷㄴ)= ☐ ° − ☐ ° = ☐ °

⇨ (각 ㅁㄴㄷ)=(각 ㅁㄷㄴ)

= ☐ ° ÷ ☐ = ☐ °

**문제가
어려웠나요?**

☐ 어려워요. o.o

☐ 적당해요. ^-^

☐ 쉬워요. >o<

답

_____

2

정오각형의 모든 변의 길이의 합과 /

정삼각형의 모든 변의 길이의 합은 같습니다. /

정삼각형의 한 변의 길이는 몇 cm인가요?

└─➔ 구해야 할 것

6 cm

문제 돋보기

✔ 정오각형의 모든 변의 길이의 합과 정삼각형의 모든 변의 길이의 합은?

→ (같습니다 , 다릅니다).

✔ 정오각형의 한 변의 길이는? → ⬜ cm

✦ 구해야 할 것은?

→ _____

　　　　　　　　　　정삼각형의 한 변의 길이

풀이 과정

❶ 정오각형의 모든 변의 길이의 합은?

⬜ × ⬜ = ⬜ (cm)

정오각형의 한 변의 길이 ┘　　　└ 정오각형의 변의 수

❷ 정삼각형의 한 변의 길이는?

정삼각형의 모든 변의 길이의 합이 ⬜ cm이므로

한 변의 길이는 ⬜ ÷ ⬜ = ⬜ (cm)입니다.

정삼각형의 ┘　　　└ 정삼각형의
모든 변의 길이의 합　　　변의 수

답 _____

왼쪽 **2**번과 같이 문제에 색칠하고 밑줄을 그어 가며 문제를 풀어 보세요.

2-1

정사각형의 모든 변의 길이의 합과 /

정육각형의 모든 변의 길이의 합은 같습니다. /

정육각형의 한 변의 길이는 몇 cm인가요?

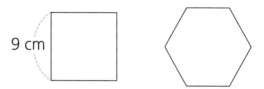

9 cm

문제 돋보기

✔ 정사각형의 모든 변의 길이의 합과 정육각형의 모든 변의 길이의 합은?

→ (같습니다 , 다릅니다).

✔ 정사각형의 한 변의 길이는? → ☐ cm

✦ 구해야 할 것은?

→ ＿＿＿＿＿＿＿＿＿＿＿＿＿＿＿＿＿＿＿＿＿＿＿＿＿＿

풀이 과정

❶ 정사각형의 모든 변의 길이의 합은?

☐ × ☐ = ☐ (cm)

❷ 정육각형의 한 변의 길이는?

정육각형의 모든 변의 길이의 합이 ☐ cm이므로

한 변의 길이는 ☐ ÷ ☐ = ☐ (cm)입니다.

답 ＿＿＿＿＿＿＿＿＿＿＿

문제가 어려웠나요?

☐ 어려워요. o.o

☐ 적당해요. ^-^

☐ 쉬워요. >o<

문장제 실력 쌓기

★ 직사각형에 대각선을 그었을 때 생기는
  각의 크기 구하기

★ 변의 길이의 합이 같은 도형의 한 변의 길이 구하기

문제를 읽고 '연습하기'에서 했던 것처럼 밑줄을 그어 가며 문제를 풀어 보세요.

1 사각형 ㄱㄴㄷㄹ은 직사각형입니다.
각 ㄱㄴㅁ의 크기는 몇 도인가요?

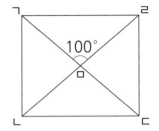

❶ 각 ㄱㅁㄴ의 크기는?

❷ 삼각형 ㄱㄴㅁ의 이름은?

❸ 각 ㄱㄴㅁ의 크기는?

답 _____

2 정삼각형의 모든 변의 길이의 합과
정칠각형의 모든 변의 길이의 합은 같습니다.
정칠각형의 한 변의 길이는 몇 cm인가요?

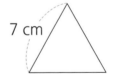

❶ 정삼각형의 모든 변의 길이의 합은?

❷ 정칠각형의 한 변의 길이는?

답 _____

94

3 사각형 ㄱㄴㄷㄹ은 직사각형입니다.
각 ㄱㄹㅁ의 크기는 몇 도인가요?

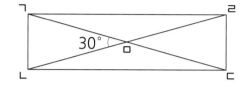

❶ 각 ㄱㅁㄹ의 크기는?

❷ 삼각형 ㄱㅁㄹ의 이름은?

❸ 각 ㄱㄹㅁ의 크기는?

답 _____

4 정육각형과 모든 변의 길이의 합이 같은 정오각형이 있습니다.
정육각형의 한 변의 길이가 10 cm일 때, 정오각형의 한 변의 길이는 몇 cm인가요?

❶ 정육각형의 모든 변의 길이의 합은?

❷ 정오각형의 한 변의 길이는?

답 _____

1

84쪽 만든 정다각형의 이름 구하기

길이가 1 m인 철사를 겹치지 않게 사용하여 한 변의 길이가 10 cm인
정다각형을 한 개 만들었습니다.
남은 철사의 길이가 40 cm일 때, 만든 정다각형의 이름은 무엇인가요?

풀이

답 _____

2

92쪽 변의 길이의 합이 같은 도형의 한 변의 길이 구하기

정팔각형의 모든 변의 길이의 합과 정사각형의 모든 변의 길이의 합은 같습니다.
정사각형의 한 변의 길이는 몇 cm인가요?

3 cm

풀이

답 _____

정답과 해설 22쪽

 84쪽 만든 정다각형의 이름 구하기

3 길이가 6 m인 끈을 똑같이 2도막으로 자른 후 그중 한 도막을 겹치지 않게
사용하여 한 변의 길이가 32 cm인 정다각형을 한 개 만들었습니다.
남은 끈의 길이가 12 cm일 때, 만든 정다각형의 이름은 무엇인가요?

풀이

답 _____

 86쪽 정다각형의 한 각의 크기 구하기

4 정육각형에서 ㉠의 각도는 몇 도인가요?

풀이

답 _____

단원 마무리

90쪽 직사각형에 대각선을 그었을 때 생기는 각의 크기 구하기

5 사각형 ㄱㄴㄷㄹ은 직사각형입니다.
각 ㅁㄹㄷ의 크기는 몇 도인가요?

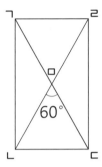

풀이

답 _____

92쪽 변의 길이의 합이 같은 도형의 한 변의 길이 구하기

6 정구각형과 모든 변의 길이의 합이 같은 정육각형이 있습니다.
정구각형의 한 변의 길이가 12 cm일 때, 정육각형의 한 변의 길이는
몇 cm인가요?

풀이

답 _____

90쪽 직사각형에 대각선을 그었을 때 생기는 각의 크기 구하기

7 사각형 ㄱㄴㄷㄹ은 직사각형입니다.
각 ㅁㄷㄴ의 크기는 몇 도인가요?

풀이

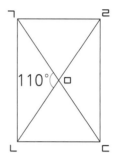

답 ＿＿＿＿＿＿＿＿＿＿

도전! 8

86쪽 정다각형의 한 각의 크기 구하기

오른쪽 정오각형에서 ㉠의 각도는 몇 도인가요?

❶ 정오각형의 모든 각의 크기의 합은?

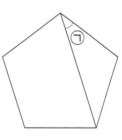

❷ 정오각형의 한 각의 크기는?

❸ ㉠의 각도는?

내가 지다니…

답 ＿＿＿＿＿＿＿＿＿＿

5 꺾은선그래프

내가 낸 문제를 모두 풀어야
몰랑이를 구할 수 있어!

함께 풀어 봐요!

화살표를 따라가며 문장을 완성해 보세요.

시작!

나는 '햄'이다!
벌써 여기까지 왔군.
여기 있는 문장도
완성해 보시지!

함정

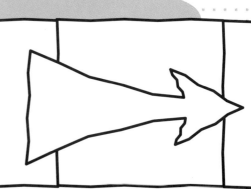

정답과 해설 24쪽

1

시각별 기온을 꺾은선그래프로 나타냈어.

시각별 기온

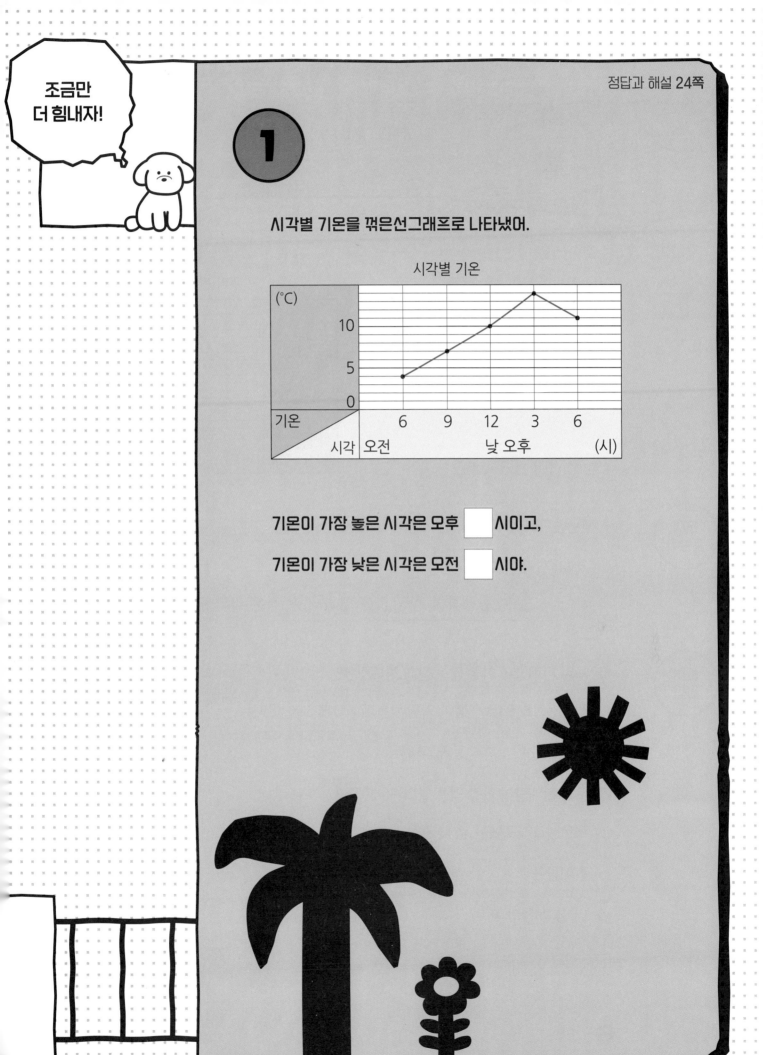

기온이 가장 높은 시각은 오후 ☐ 시이고,

기온이 가장 낮은 시각은 오전 ☐ 시야.

1

어느 가게의 **쿠키 판매량**을
조사하여 나타낸 /
꺾은선그래프입니다. /
판매량이 가장 많은 달은 /
가장 적은 달보다 /
몇 개 더 많은가요?
└→ ✦ 구해야 할 것

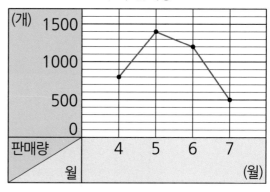

쿠키 판매량

문제 돋보기

✔ 꺾은선그래프가 나타내는 것은? → 쿠키 [   ]

✦ 구해야 할 것은?

→ _쿠키 판매량이 가장 많은 달과 가장 적은 달의 판매량의 차_

풀이 과정

❶ 쿠키 판매량이 가장 많은 달의 판매량은?

꺾은선그래프에서 점이 가장 (높게 , 낮게) 찍힌 때는 [   ]월이고,
└→ 알맞은 말에 ○표 하기

판매량은 [   ]개입니다.

❷ 쿠키 판매량이 가장 적은 달의 판매량은?

꺾은선그래프에서 점이 가장 (높게 , 낮게) 찍힌 때는 [   ]월이고,

판매량은 [   ]개입니다.

❸ 위 ❶과 ❷의 차는?

[   ] ─ [   ] = [   ] (개)
└ 가장 많은 판매량   └→ 가장 적은 판매량

답 _____

왼쪽 1 번과 같이 문제에 색칠하고 밑줄을 그어 가며 문제를 풀어 보세요.

1-1

8월의 날짜별 최고 기온을
조사하여 나타낸 /
꺾은선그래프입니다. /
최고 기온이 가장 높은 날은 /
가장 낮은 날보다 /
몇 °C 더 높은가요?

날짜별 최고 기온

문제 돋보기

✓ 꺾은선그래프가 나타내는 것은? → 날짜별 ⬚

✚ 구해야 할 것은?

→ ＿＿＿＿＿＿＿＿＿＿＿＿＿＿＿＿＿＿＿＿＿＿

풀이 과정

❶ 최고 기온이 가장 높은 날의 최고 기온는?

꺾은선그래프에서 점이 가장 (높게 , 낮게) 찍힌 때는 ⬚ 일이고,

최고 기온은 ⬚ °C입니다.

❷ 최고 기온이 가장 낮은 날의 최고 기온는?

꺾은선그래프에서 점이 가장 (높게 , 낮게) 찍힌 때는 ⬚ 일이고,

최고 기온은 ⬚ °C입니다.

❸ 위 ❶과 ❷의 차는?

⬚ － ⬚ ＝ ⬚ (°C)

답 ＿＿＿＿＿＿＿＿＿＿＿

문제가 어려웠나요?

☐ 어려워요. o.o

☐ 적당해요. ^-^

☐ 쉬워요. >o<

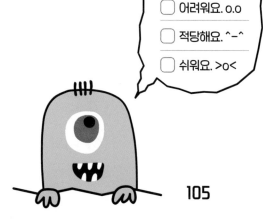

어느 **식물의 키를 조사하여 나타낸** / **표와 꺾은선그래프**입니다. / **31일의 키가 21일보다 4 cm 더 클 때,** / 표와 꺾은선그래프를 완성해 보세요.

└→ 구해야 할 것

식물의 키

날짜(일)	1	11	21	31
키(cm)			11	

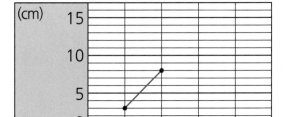

문제 돋보기

✓ 표와 그래프가 나타내는 것은? → 식물의 ☐

✓ 31일의 키는? → 21일보다 ☐ cm 더 큽니다.

✦ 구해야 할 것은?

→ _____表와 꺾은선그래프 완성하기_____

풀이 과정

❶ 1일과 11일의 식물의 키를 각각 구하면?

꺾은선그래프에서 1일은 ☐ cm, 11일은 ☐ cm입니다.

❷ 31일의 식물의 키는?

표에서 21일의 키가 ☐ cm이므로

31일의 키는 ☐ +4= ☐ (cm)입니다.

└→ 21일의 키

❸ 위의 표와 꺾은선그래프를 완성하면?

왼쪽 2 번과 같이 문제에 색칠하고 밑줄을 그어 가며 문제를 풀어 보세요.

2-1

하민이가 줄넘기를 한 개수를 조사하여 나타낸 / 표와 꺾은선그래프입니다. /
화요일의 개수가 월요일보다 3개 더 적을 때, / 표와 꺾은선그래프를 완성해 보세요.

줄넘기를 한 개수

요일	월	화	수	목
개수(개)	100			

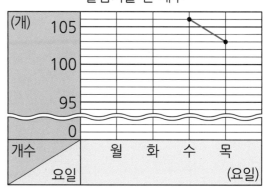

줄넘기를 한 개수

문제 돋보기

✔ 표와 그래프가 나타내는 것은? → 줄넘기를 한 ☐

✔ 화요일에 줄넘기를 한 개수는? → 월요일보다 ☐ 개 더 적습니다.

✚ 구해야 할 것은?

→ _____

풀이 과정

❶ 수요일과 목요일에 줄넘기를 한 개수를 각각 구하면?

꺾은선그래프에서 수요일은 ☐ 개,

목요일은 ☐ 개입니다.

❷ 화요일에 줄넘기를 한 개수는?

표에서 월요일에 한 개수가 ☐ 개이므로 화요일에 한

개수는 ☐ −3 = ☐ (개)입니다.

❸ 위의 표와 꺾은선그래프를 완성하면?

문제가 어려웠나요?

☐ 어려워요. o.o

☐ 적당해요. ^-^

☐ 쉬워요. >o<

107

문장제 실력 쌓기

★ 자룟값의 차 구하기
★ 표와 꺾은선그래프 완성하기

문제를 읽고 '연습하기'에서 했던 것처럼 밑줄을 그어 가며 문제를 풀어 보세요.

1 어느 마을의 연도별 초등학생 수를 조사하여 나타낸 꺾은선그래프입니다.
학생 수가 가장 많은 연도는 가장 적은 연도보다 몇 명 더 많나요?

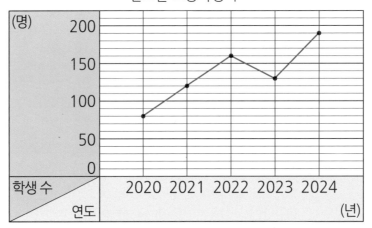

연도별 초등학생 수

❶ 학생 수가 가장 많은 연도의 학생 수는?

❷ 학생 수가 가장 적은 연도의 학생 수는?

❸ 위 ❶과 ❷의 차는?

답 _____

2 동하의 몸무게를 조사하여 나타낸 표와 꺾은선그래프입니다.

11월의 몸무게가 10월보다 0.8 kg 더 무거울 때, 표와 꺾은선그래프를 완성해 보세요.

월별 몸무게

월	8	9	10	11	12
몸무게(kg)			32.5		

월별 몸무게

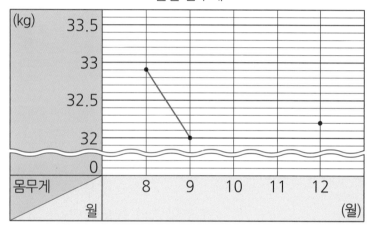

❶ 8월, 9월, 12월의 몸무게는?

❷ 11월의 몸무게는?

❸ 위의 표와 꺾은선그래프를 완성하면?

문장제 연습하기

★ 두 꺾은선 비교하기

1 지호네 집의 **거실과 마당의 온도를** **조사하여 나타낸** / **꺾은선그래프입니다.** / 거실과 마당의 온도의 차가 가장 큰 때의 차는 / 몇 °C인가요?

↳ ✦ 구해야 할 것

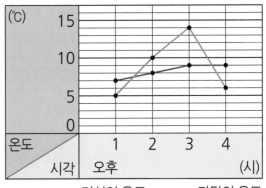

거실과 마당의 온도

—— 거실의 온도   —— 마당의 온도

문제 돋보기

✔ 꺾은선그래프가 나타내는 것은? → 거실과 마당의 ☐

✦ 구해야 할 것은?

→ 거실과 마당의 온도의 차가 가장 큰 때의 차

풀이 과정

❶ 거실과 마당의 온도의 차가 가장 큰 때는?

두 꺾은선의 점이 가장 많이 떨어져 있는 때이므로

오후 ☐ 시입니다.

❷ 위 ❶에서 구한 때의 온도의 차는?

↱ 세로 눈금 5칸의 크기: 5 °C

꺾은선그래프에서 세로 눈금 한 칸의 크기는 ☐ °C입니다.

오후 ☐ 시에 두 점이 세로 눈금 ☐ 칸만큼 차이가 나므로

온도의 차는 ☐ × ☐ = ☐ (°C)입니다.

↳ 세로 눈금 한 칸의 크기

답 _____

110

왼쪽 **1** 번과 같이 문제에 색칠하고 밑줄을 그어 가며 문제를 풀어 보세요.

1-1

어느 공장의 두발자전거와
세발자전거의 생산량을
조사하여 나타낸 /
꺾은선그래프입니다. /
두발자전거와 세발자전거의
생산량의 차가 가장 작은 때의 차는 /
몇 대인가요?

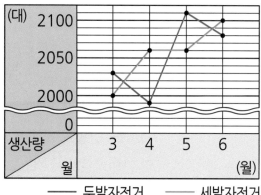

두발자전거와 세발자전거의 생산량

—— 두발자전거   —— 세발자전거

**문제
돋보기**

✓ 꺾은선그래프가 나타내는 것은? → 두발자전거와 세발자전거의 ☐

✦ 구해야 할 것은?

→ _____

**풀이
과정**

❶ 두발자전거와 세발자전거의 생산량의 차가 가장 작은 때는?

두 꺾은선의 점이 가장 적게 떨어져 있는 때이므로

☐ 월입니다.

❷ 위 ❶에서 구한 때의 생산량의 차는?

꺾은선그래프에서 세로 눈금 한 칸의 크기는 ☐ 대입니다.

☐ 월에 두 점이 세로 눈금 ☐ 칸만큼 차이가 나므로

생산량의 차는 ☐ × ☐ = ☐ (대)입니다.

**문제가
어려웠나요?**

☐ 어려워요. o.o

☐ 적당해요. ^-^

☐ 쉬워요. >o<

답 _____

문장제 연습하기

★ 세로 눈금의 크기를 바꾸어 그릴 때 눈금 수의 차 구하기

2

서연이가 **축구를 한 시간**을 **조사하여 나타낸** / **꺾은선그래프입니다.** / 세로 눈금 한 칸을 20분으로 하여 그래프를 다시 그린다면 / 11일과 12일의 세로 눈금 수의 차는 / 몇 칸인가요? ┗→ 구해야 할 것

축구를 한 시간

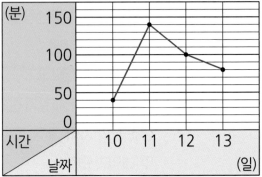

문제 돋보기

✓ 꺾은선그래프가 나타내는 것은? → 축구를 한 [   ]

✦ 구해야 할 것은?

→ 세로 눈금 한 칸이 20분일 때, 11일과 12일의 세로 눈금 수의 차

풀이 과정

❶ 11일과 12일의 축구를 한 시간의 차는?

11일: [   ]분, 12일: [   ]분

⇨ (축구를 한 시간의 차) = [   ] − [   ] = [   ] (분)

❷ 세로 눈금 한 칸을 20분으로 하여 그래프를 다시 그릴 때, 11일과 12일의 세로 눈금 수의 차는?

[   ] ÷ [   ] = [   ] (칸)

11일과 12일의 ┛   ┗ 다시 그리는
축구를 한 시간의 차   세로 눈금 한 칸의 크기

답 _____

왼쪽 **2**번과 같이 문제에 색칠하고 밑줄을 그어 가며 문제를 풀어 보세요.

2-1

인규의 월별 저축액을
조사하여 나타낸 /
꺾은선그래프입니다. /
세로 눈금 한 칸을 300원으로 하여
그래프를 다시 그린다면 /
1월과 2월의 세로 눈금 수의 차는 /
몇 칸인가요?

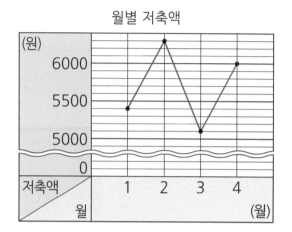

월별 저축액

문제 돋보기

✓ 꺾은선그래프가 나타내는 것은? → 월별 [   ]

✦ 구해야 할 것은?

→ _____

풀이 과정

❶ 1월과 2월의 저축액의 차는?

1월: [   ] 원, 2월: [   ] 원

⇨ (저축액의 차) = [   ] − [   ] = [   ] (원)

❷ 세로 눈금 한 칸을 300원으로 하여 그래프를 다시 그릴 때,
1월과 2월의 세로 눈금 수의 차는?

[   ] ÷ [   ] = [   ] (칸)

문제가 어려웠나요?

☐ 어려워요. o.o

☐ 적당해요. ^-^

☐ 쉬워요. >o<

답 _____

문장제 실력 쌓기

★ 두 꺾은선 비교하기

★ 세로 눈금의 크기를 바꾸어 그릴 때
눈금 수의 차 구하기

문제를 읽고 '연습하기'에서 했던 것처럼 밑줄을 그어 가며 문제를 풀어 보세요.

1 ㉮ 공연과 ㉯ 공연의 관람객 수를 조사하여 나타낸 꺾은선그래프입니다.
㉮ 공연과 ㉯ 공연의 관람객 수의 차가 가장 클 때의 차는 몇 명인가요?

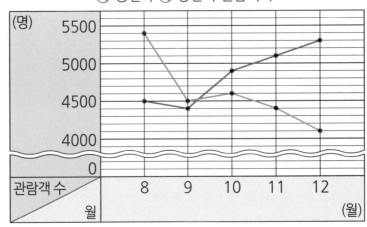

㉮ 공연과 ㉯ 공연의 관람객 수

—— ㉮ 공연의 관람객 수   —— ㉯ 공연의 관람객 수

❶ ㉮ 공연과 ㉯ 공연의 관람객 수의 차가 가장 큰 때는?

❷ 위 ❶에서 구한 때의 관람객 수의 차는?

답

2 어느 가게의 찐빵 판매량을 조사하여 나타낸 꺾은선그래프입니다.
세로 눈금 한 칸을 2상자로 하여 그래프를 다시 그린다면
목요일과 금요일의 세로 눈금 수의 차는 몇 칸인가요?

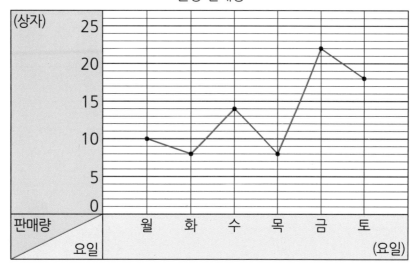

찐빵 판매량

❶ 목요일과 금요일의 판매량의 차는?

❷ 세로 눈금 한 칸을 2상자로 하여 그래프를 다시 그릴 때,
목요일과 금요일의 세로 눈금 수의 차는?

답 _____

단원 마무리

104쪽 자룟값의 차 구하기

1 동훈이가 푼 수학 문제 수를
조사하여 나타낸
꺾은선그래프입니다.
푼 수학 문제 수가 가장 많은
날은 가장 적은 날보다
몇 문제 더 많은가요?

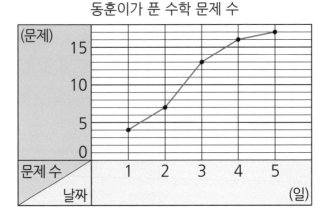

동훈이가 푼 수학 문제 수

풀이

탑 _____

106쪽 표와 꺾은선그래프 완성하기

2 어느 농장의 토끼 수를 조사하여 나타낸 표와 꺾은선그래프입니다. 2023년의
토끼 수가 2022년보다 20마리 더 적을 때, 표와 꺾은선그래프를 완성해 보세요.

연도별 토끼 수

연도	2021	2022	2023	2024
수(마리)		80		

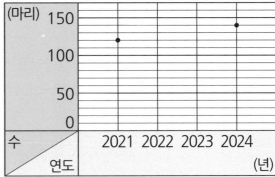

연도별 토끼 수

풀이

110쪽 두 꺾은선 비교하기

3 민호와 정우의 턱걸이 개수를 조사하여 나타낸 꺾은선그래프입니다. 민호와 정우의 턱걸이 개수의 차가 가장 작은 때의 차는 몇 개인가요?

풀이

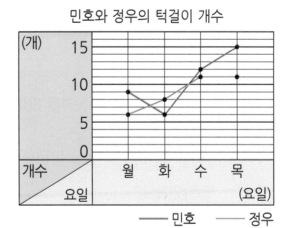

민호와 정우의 턱걸이 개수

—— 민호   —— 정우

답 _____

104쪽 자룟값의 차 구하기

4 연수의 체온을 조사하여 나타낸 꺾은선그래프입니다. 체온이 둘째로 높은 시각과 가장 낮은 시각의 체온의 차는 몇 °C인가요?

풀이

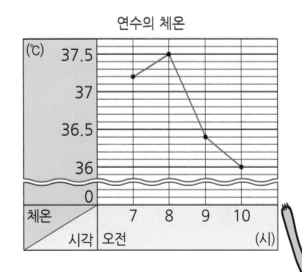

연수의 체온

답 _____

단원 마무리

112쪽 세로 눈금의 크기를 바꾸어 그릴 때 눈금 수의 차 구하기

5 어느 공장의 연필 생산량을
조사하여 나타낸
꺾은선그래프입니다.
세로 눈금 한 칸을 5상자로 하여
그래프를 다시 그린다면
7월과 8월의 세로 눈금 수의 차는
몇 칸인가요?

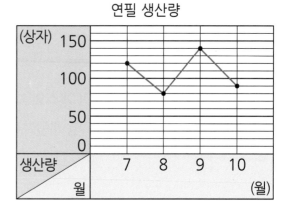

연필 생산량

풀이

답 _____

110쪽 두 꺾은선 비교하기

6 가 지역과 나 지역의 인구를
조사하여 나타낸
꺾은선그래프입니다.
가 지역과 나 지역의 인구의
차가 가장 클 때의 차는
몇 명인가요?

가 지역과 나 지역의 인구

(명) 1200 1100 1000 0

인구 연도 2021 2022 2023 2024 (년)

—— 가 지역 —— 나 지역

풀이

답 _____

정답과 해설 **28쪽**

**도전!
7**

104쪽 자룻값의 차 구하기

112쪽 세로 눈금의 크기를 바꾸어 그릴 때 눈금 수의 차 구하기

어느 놀이공원의 방문객 수를 조사하여 나타낸 꺾은선그래프입니다.

세로 눈금 한 칸을 400명으로 하여 그래프를 다시 그린다면

방문객 수가 가장 많은 달과 가장 적은 달의 세로 눈금 수의 차는 몇 칸인가요?

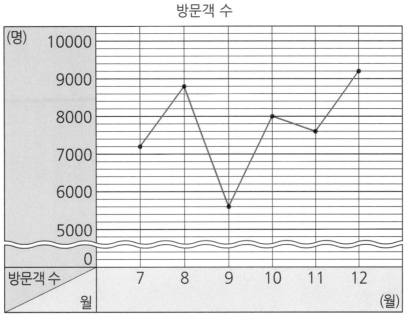

방문객 수

❶ 방문객 수가 가장 많은 달과 가장 적은 달의 방문객 수는?

❷ 위 ❶에서 구한 방문객 수의 차는?

❸ 세로 눈금 한 칸을 400명으로 하여 그래프를 다시 그릴 때,
　방문객 수가 가장 많은 달과 가장 적은 달의 세로 눈금 수의 차는?

내가 지다니 …

✂ 정답과 해설 39쪽에 붙이면 몬스터를 가둘 수 있어요!

답 _____

6 평면도형의 이동

함께 풀어 봐요!
화살표를 따라가며 문장을 완성해 보세요.

시작!

1

도장에 새겨진 모양을 찍으면 옆으로 뒤집은 모양이 돼.
오른쪽 모양이 도장을 찍었을 때 나오는 모양이면
도장에 새겨진 모양은 어떤 모양일까?

새겨진 모양

찍은 모양

함정

1

오른쪽으로 뒤집은 도형이 /

처음 도형과 같은 것을 찾아 / 기호를 써 보세요.

└─◆ 구해야 할 것

가 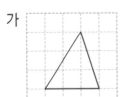 나 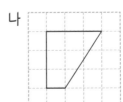 다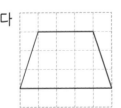

문제 돌보기

✔ 도형을 움직이는 방법은?

→ (오른쪽 , 왼쪽)으로 (뒤집기 , 밀기)
   └─◆ 알맞은 것에 ○표 하기

◆ 구해야 할 것은?

→ ___오른쪽으로 뒤집은 도형이 처음 도형과 같은 것___

풀이 과정

❶ 각 도형을 오른쪽으로 뒤집으면? ─→ 오른쪽과 왼쪽이 서로 바뀝니다.

가   나   다

❷ 위 ❶에서 그린 도형이 처음 도형과 같은 것은?

오른쪽으로 뒤집은 도형이 처음 도형과 같은 것은 ☐ 입니다.

❸ 답 _____

왼쪽 **1** 번과 같이 문제에 색칠하고 밑줄을 그어 가며 문제를 풀어 보세요.

1-1

시계 방향으로 180°만큼 돌린 도형이 /

처음 도형과 같은 것을 찾아 / 기호를 써 보세요.

가 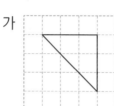   나 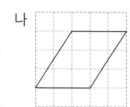   다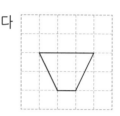

문제 돋보기

✔ 도형을 움직이는 방법은?

→ (시계 , 시계 반대) 방향으로 (90° , 180° , 270°)만큼 돌리기

✦ 구해야 할 것은?

→ _____

풀이 과정

❶ 각 도형을 시계 방향으로 180°만큼 돌리면? → 위쪽이 아래쪽으로, 아래쪽이 위쪽으로 바뀝니다.

가    나   다

❷ 위 ❶에서 그린 도형이 처음 도형과 같은 것은?

시계 방향으로 180°만큼 돌린 도형이

처음 도형과 같은 것은 ☐ 입니다.

답

문제가 어려웠나요?

☐ 어려워요. o.o

☐ 적당해요. ^-^

☐ 쉬워요. >o<

125

문장제 연습하기

★ 움직였을 때 만들어지는 수와
처음 수의 합(차) 구하기

2 세 자리 수가 적힌 카드를 /
위쪽으로 뒤집었을 때 만들어지는 수와 /
처음 수의 차를 구해 보세요.

└──➜ 구해야 할 것

문제 돋보기

✔ 카드에 적힌 세 자리 수는? → ☐

✦ 구해야 할 것은?

→ <u>위쪽으로 뒤집었을 때 만들어지는 수와 처음 수의 차</u>

풀이 과정

❶ 카드를 위쪽으로 뒤집었을 때 만들어지는 수는?

☐ ⇨ 만들어지는 수는 ☐ 입니다.

⟲ ─────➜ 세 자리 수를 한꺼번에 뒤집습니다.

508

❷ 위 ❶에서 만들어지는 수와 처음 수의 차는?

☐ − ☐ = ☐

답 _____

왼쪽 **2** 번과 같이 문제에 색칠하고 밑줄을 그어 가며 문제를 풀어 보세요.

2-1

세 자리 수가 적힌 카드를 /
시계 방향으로 180°만큼 돌렸을 때 만들어지는 수와 /
처음 수의 합을 구해 보세요.

문제 돌보기

✔ 카드에 적힌 세 자리 수는? → ☐

✦ 구해야 할 것은?

→ _____

풀이 과정

❶ 카드를 시계 방향으로 180°만큼 돌렸을 때 만들어지는 수는?

269 ⊕ ☐

⇨ 만들어지는 수는 ☐ 입니다.

❷ 위 ❶에서 만들어지는 수와 처음 수의 합은?

☐ + ☐ = ☐

답 _____

문제가 어려웠나요?

☐ 어려워요. o.o

☐ 적당해요. ^-^

☐ 쉬워요. >o<

문장제 실력 쌓기

★ 움직인 도형이 처음 도형과 같은 것 찾기

★ 움직였을 때 만들어지는 수와
처음 수의 합(차) 구하기

문제를 읽고 '연습하기'에서 했던 것처럼 밑줄을 그어 가며 문제를 풀어 보세요.

1 위쪽으로 뒤집은 도형이 처음 도형과 같은 것을 찾아 기호를 써 보세요.

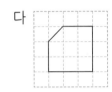

❶ 각 도형을 위쪽으로 뒤집으면?

❷ 위 ❶에서 그린 도형이 처음 도형과 같은 것은?

답 _____

2 세 자리 수가 적힌 카드를 왼쪽으로 뒤집었을 때
만들어지는 수와 처음 수의 합을 구해 보세요.

❶ 카드를 왼쪽으로 뒤집었을 때 만들어지는 수는?

❷ 위 ❶에서 만들어지는 수와 처음 수의 합은?

답 _____

3 시계 반대 방향으로 180°만큼 돌린 도형이 처음 도형과 같은 것을 찾아 기호를 써 보세요.

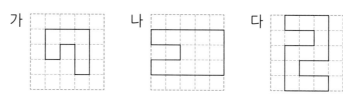

❶ 각 도형을 시계 반대 방향으로 180°만큼 돌리면?

가 　　　　　나 　　　　　다

❷ 위 ❶에서 그린 도형이 처음 도형과 같은 것은?

답 _____

4 세 자리 수가 적힌 카드를 시계 반대 방향으로 180°만큼 돌렸을 때 만들어지는 수와 처음 수의 차를 구해 보세요.

❶ 카드를 시계 반대 방향으로 180°만큼 돌렸을 때 만들어지는 수는?

❷ 위 ❶에서 만들어지는 수와 처음 수의 차는?

답 _____

문장제 연습하기

★ 도형을 여러 번 움직인 도형 그리기

1 오른쪽 도형을 /
아래쪽으로 2번 뒤집고 /
오른쪽으로 2번 뒤집었을 때의 /
도형을 그려 보세요.
└──→ 구해야 할 것

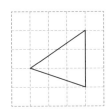

문제 돋보기

✔ 도형을 아래쪽으로 뒤집는 횟수는? → ☐ 번

✔ 도형을 오른쪽으로 뒤집는 횟수는? → ☐ 번

✦ 구해야 할 것은?

→ 아래쪽으로 2번 뒤집고 오른쪽으로 2번 뒤집었을 때의 도형

풀이 과정

❶ 도형을 아래쪽으로 2번 뒤집으면?

아래쪽으로 1번 뒤집기　　아래쪽으로 2번 뒤집기 → 같은 방향으로 짝수 번 뒤집으면 처음 도형과 같습니다.

❷ 위 ❶에서 그린 도형을 오른쪽으로 2번 뒤집으면? ·····················▶ **답**

오른쪽으로 1번 뒤집기　　오른쪽으로 2번 뒤집기

왼쪽 **1** 번과 같이 문제에 색칠하고 밑줄을 그어 가며 문제를 풀어 보세요.

1-1

오른쪽 도형을 / 시계 방향으로 180°만큼 2번 돌리고 /
위쪽으로 3번 뒤집었을 때의 / 도형을 그려 보세요.

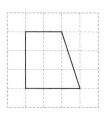

문제 돋보기

✓ 도형을 시계 방향으로 180°만큼 돌리는 횟수는? → ☐ 번

✓ 도형을 위쪽으로 뒤집는 횟수는? → ☐ 번

✦ 구해야 할 것은?

→ _____

풀이 과정

❶ 도형을 시계 방향으로 180°만큼 2번 돌리면?

180°만큼 1번 돌리기   180°만큼 2번 돌리기

❷ 위 ❶에서 그린 도형을 위쪽으로 3번 뒤집으면?

도형을 위쪽으로 3번 뒤집으면

위쪽으로 (1 , 2)번 뒤집은 도형과 같습니다.

답

문제가 어려웠나요?

☐ 어려워요. o.o

☐ 적당해요. ^-^

☐ 쉬워요. >o<

2

어떤 도형을 /
오른쪽으로 뒤집어야 할 것을 /
잘못하여 위쪽으로 뒤집었더니 /
오른쪽과 같이 되었습니다. /
바르게 움직인 도형을 그려 보세요.

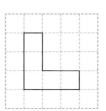

└→ **구해야 할 것**

문제 돋보기

✔ 잘못 뒤집은 방향은? → ☐

✔ 바르게 뒤집는 방향은? → ☐

✦ 구해야 할 것은?

→ ＿＿＿＿＿＿＿ 바르게 움직인 도형 ＿＿＿＿＿＿＿

풀이 과정

┌→ 위쪽으로 뒤집기 전의 도형
❶ 어떤 도형은?

잘못 움직인 도형을 (아래쪽 , 오른쪽)으로
뒤집습니다.

❷ 바르게 움직인 도형은? ⋯⋯⋯⋯⋯⋯⋯⋯⋯⋯⋯⋯▶ **답**

위 ❶에서 그린 도형을
(아래쪽 , 오른쪽)으로 뒤집습니다.

왼쪽 **2** 번과 같이 문제에 색칠하고 밑줄을 그어 가며 문제를 풀어 보세요.

2-1

어떤 도형을 /

시계 방향으로 90°만큼 돌려야 할 것을 /

잘못하여 시계 반대 방향으로 90°만큼 돌렸더니 /

오른쪽과 같이 되었습니다. /

바르게 움직인 도형을 그려 보세요.

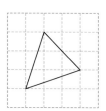

문제 돋보기

✔ 잘못 돌린 방향은? → (시계 , 시계 반대) 방향으로 ☐ °

✔ 바르게 돌리는 방향은? → (시계 , 시계 반대) 방향으로 ☐ °

✦ 구해야 할 것은?

→ _____

풀이 과정

❶ 어떤 도형은?

잘못 움직인 도형을

(시계 , 시계 반대) 방향으로

☐ °만큼 돌립니다.

❷ 바르게 움직인 도형은? ……………▶ **답**

위 ❶에서 그린 도형을

(시계 , 시계 반대) 방향으로

☐ °만큼 돌립니다.

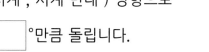

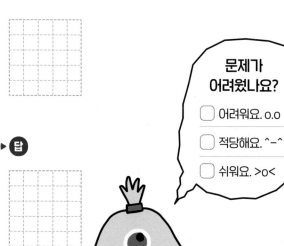

문제가
어려웠나요?

☐ 어려워요. o.o

☐ 적당해요. ^-^

☐ 쉬워요. >o<

문장제 실력 쌓기

★ 도형을 여러 번 움직인 도형 그리기
★ 바르게 움직인 도형 그리기

문제를 읽고 '연습하기'에서 했던 것처럼 밑줄을 그어 가며 문제를 풀어 보세요.

1 오른쪽 도형을 위쪽으로 2번 뒤집고
왼쪽으로 1번 뒤집었을 때의 도형을 그려 보세요.

❶ 위쪽으로 2번 뒤집으면?

위쪽으로 1번 뒤집기   위쪽으로 2번 뒤집기

❷ 위 ❶에서 그린 도형을 왼쪽으로 1번 뒤집으면? ·············▶ **답**

2 어떤 도형을 아래쪽으로 뒤집어야 할 것을
잘못하여 왼쪽으로 뒤집었더니 오른쪽과 같이 되었습니다.
바르게 움직인 도형을 그려 보세요.

❶ 어떤 도형은?

❷ 바르게 움직인 도형은? ·······························▶ **답**

3 오른쪽 도형을 시계 방향으로 90°만큼 2번 돌리고 오른쪽으로 3번 뒤집었을 때의 도형을 그려 보세요.

❶ 시계 방향으로 90°만큼 2번 돌리면?

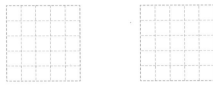

90°만큼 1번 돌리기   90°만큼 2번 돌리기

❷ 위 ❶에서 그린 도형을 오른쪽으로 3번 뒤집으면? ·····▶ **답**

4 어떤 도형을 시계 반대 방향으로 90°만큼 돌려야 할 것을 잘못하여 시계 반대 방향으로 180°만큼 돌렸더니 오른쪽과 같이 되었습니다.
바르게 움직인 도형을 그려 보세요.

❶ 어떤 도형은?

❷ 바르게 움직인 도형은? ·····▶ **답**

단원 마무리

124쪽 움직인 도형이 처음 도형과 같은 것 찾기

1 시계 반대 방향으로 180°만큼 돌린 도형이 처음 도형과 같은 것을 찾아 기호를 써 보세요.

가 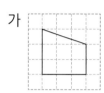 나 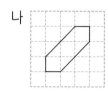 다

풀이

답 _____

126쪽 움직였을 때 만들어지는 수와 처음 수의 합(차) 구하기

2 세 자리 수가 적힌 카드를 시계 방향으로 180°만큼 돌렸을 때 만들어지는 수와 처음 수의 합을 구해 보세요.

풀이

답 _____

130쪽 도형을 여러 번 움직인 도형 그리기

3 도형을 오른쪽으로 2번 뒤집고 위쪽으로 2번 뒤집었을 때의 도형을 그려 보세요.

풀이

124쪽 움직인 도형이 처음 도형과 같은 것 찾기

4 어느 방향으로 뒤집어도 항상 처음 도형과 같은 도형을 찾아 기호를 써 보세요.

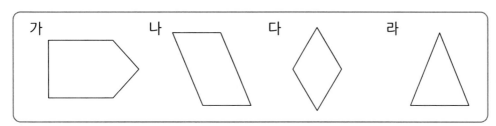

가   나   다   라

풀이

답 _____

단원 마무리

 126쪽 움직였을 때 만들어지는 수와 처음 수의 합(차) 구하기

5 세 자리 수가 적힌 카드를 아래쪽으로 뒤집었을 때
만들어지는 수와 왼쪽으로 뒤집었을 때 만들어지는
수의 차를 구해 보세요.

풀이

답 _____

 132쪽 바르게 움직인 도형 그리기

6 어떤 도형을 오른쪽으로 뒤집어야 할 것을 잘못하여 아래쪽으로 뒤집었더니
다음과 같이 되었습니다. 바르게 움직인 도형을 그려 보세요.

잘못 움직인 도형

바르게 움직인 도형

풀이

130쪽 도형을 여러 번 움직인 도형 그리기

7 도형을 시계 반대 방향으로 90°만큼 4번 돌리고
시계 방향으로 90°만큼 1번 돌렸을 때의 도형을 그려 보세요.

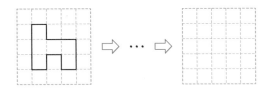

풀이

도전!
8
132쪽 바르게 움직인 도형 그리기

어떤 도형을 시계 방향으로 270°만큼 돌려야
할 것을 잘못하여 시계 방향으로 180°만큼
돌렸더니 오른쪽과 같이 되었습니다.
바르게 움직인 도형을 그려 보세요.

❶ 어떤 도형은?

❷ 바르게 움직인 도형은?

답

내가 지다니…

1회

1 농장에서 귤을 민하는 $4\frac{4}{7}$ kg 땄고, 동영이는 민하보다 $\frac{5}{7}$ kg 더 많이 땄습니다. 민하와 동영이가 딴 귤은 모두 몇 kg인가요?

풀이

답 _____

2 네 변의 길이의 합이 36 cm인 마름모가 있습니다.
이 마름모의 한 변의 길이는 몇 cm인가요?

풀이

답 _____

3 0부터 9까지의 수 중에서 □ 안에 들어갈 수 있는 수를 모두 구해 보세요.

$$1.075 < 1.0\square3$$

풀이

답 _____

정답과 해설 34쪽

4 어느 가게의 고기만두와 김치만두의 판매량을 월별로 조사하여 나타낸
꺾은선그래프입니다. 고기만두와 김치만두의 판매량의 차가 가장 큰 때의 차는
몇 개인가요?

고기만두와 김치만두의 판매량

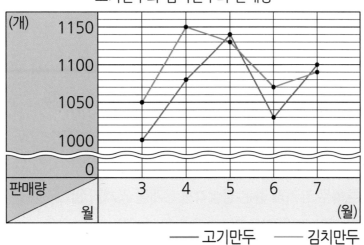

풀이

답 _____

5 세 자리 수가 적힌 카드를 오른쪽으로 뒤집었을 때
만들어지는 수와 처음 수의 차를 구해 보세요.

풀이

답 _____

6 길이가 2 m인 철사를 겹치지 않게 사용하여 한 변의 길이가 30 cm인 정다각형을 한 개 만들었습니다.

남은 철사의 길이가 50 cm일 때, 만든 정다각형의 이름은 무엇인가요?

풀이

답 _____

7 오른쪽은 크기가 같은 정삼각형 6개를 겹치지 않게 이어 붙인 것입니다. 그림에서 찾을 수 있는 크고 작은 평행사변형은 모두 몇 개인가요?

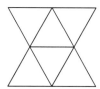

풀이

답 _____

8 어떤 수에서 $1\dfrac{7}{9}$을 빼야 할 것을 잘못하여 $1\dfrac{7}{9}$을 더했더니 $4\dfrac{1}{9}$이 되었습니다. 바르게 계산한 값은 얼마인가요?

풀이

답 _____

정답과 해설 34쪽

9 4장의 카드 . , 1 , 6 , 7 을 한 번씩 모두 사용하여

소수 두 자리 수를 만들려고 합니다.

만들 수 있는 가장 큰 수와 가장 작은 수의 합과 차를 각각 구해 보세요.

풀이

답 합: _____ , 차: _____

10 사각형 ㄱㄴㄷㄹ은 직사각형입니다. 각 ㅁㄴㄷ의 크기는 몇 도인가요?

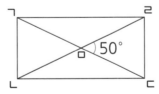

풀이

답 _____

1 □ 안에 들어갈 수 있는 자연수를 모두 구해 보세요.

$$\frac{\square}{5} + \frac{4}{5} < 1\frac{3}{5}$$

풀이

답 _____

2 직선 **가**와 직선 **나**는 서로 수직입니다.
㉠의 각도를 구해 보세요.

풀이

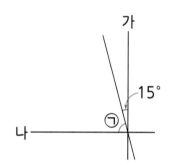

답 _____

3 끈이 3 m 있었습니다. 그중에서 0.96 m로 책을 묶었고, 1.35 m로 선물을
포장했습니다. 사용하고 남은 끈은 몇 m인가요?

풀이

답 _____

정답과 해설 35쪽

4 운동장의 온도를 조사하여 나타낸 꺾은선그래프입니다.
온도가 가장 높은 시각과 가장 낮은 시각의 온도의 차는 몇 °C인가요?

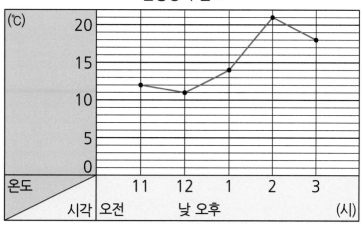

운동장의 온도

풀이

답 _____

5 도형을 아래쪽으로 2번 뒤집고
오른쪽으로 2번 뒤집었을 때의 도형을 그려 보세요.

풀이

145

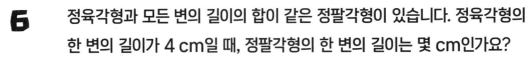

6 정육각형과 모든 변의 길이의 합이 같은 정팔각형이 있습니다. 정육각형의 한 변의 길이가 4 cm일 때, 정팔각형의 한 변의 길이는 몇 cm인가요?

풀이

답 _____

7 물통에 들어 있던 물 중에서 $1\dfrac{3}{8}$ L를 사용한 후 다시 물 $2\dfrac{7}{8}$ L를 물통에 부었더니 $4\dfrac{5}{8}$ L가 되었습니다. 처음 물통에 들어 있던 물은 몇 L인가요?

풀이

답 _____

8 어떤 수에 1.52를 더해야 할 것을 잘못하여 뺐더니 3.38이 되었습니다. 바르게 계산한 값은 얼마인가요?

풀이

답 _____

9 사각형 ㄱㄴㄷㄹ은 평행사변형입니다. 각 ㄴㄱㄷ의 크기는 몇 도인가요?

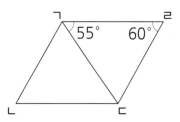

풀이

답 _____

10 정오각형에서 ㉠과 ㉡의 차는 몇 도인가요?

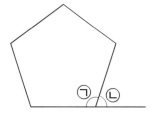

풀이

답 _____

1 식혜가 $1\frac{2}{9}$ L 있습니다. 컵 한 개에 식혜를 $\frac{5}{9}$ L씩 담으려고 합니다.

식혜를 몇 컵까지 담을 수 있고, 남는 식혜는 몇 L인가요?

풀이

답 _____ , _____

2 0보다 크고 1보다 작은 소수 두 자리 수 중에서 소수 첫째 자리 숫자가 6,
소수 둘째 자리 숫자가 8인 소수를 구해 보세요.

풀이

답 _____

3 오른쪽으로 뒤집은 도형이 처음 도형과 같은 것의 기호를 써 보세요.

가 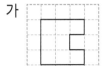   나

풀이

답 _____

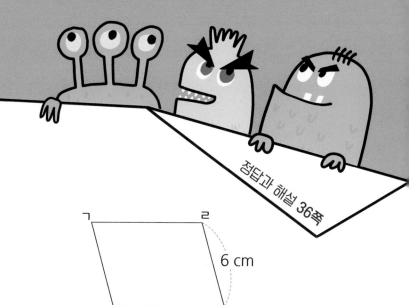

정답과 해설 36쪽

4 오른쪽 도형은 네 변의 길이의 합이
28 cm인 평행사변형입니다.
변 ㄴㄷ은 몇 cm인가요?

6 cm

풀이

답 _____

5 어느 식물원의 입장객 수를 조사하여 나타낸 꺾은선그래프입니다.
세로 눈금 한 칸을 20명으로 하여 그래프를 다시 그린다면
20일과 21일의 세로 눈금 수의 차는 몇 칸인가요?

식물원의 입장객 수

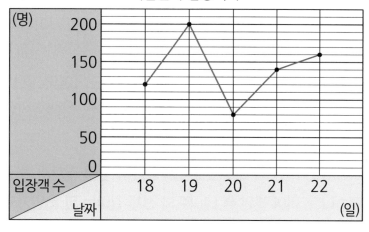

풀이

답 _____

6 길이가 2 m인 끈을 똑같이 2도막으로 자른 후 그중 한 도막을 겹치지 않게
사용하여 한 변의 길이가 12 cm인 정다각형을 한 개 만들었습니다.
남은 끈의 길이가 16 cm일 때, 만든 정다각형의 이름은 무엇인가요?

풀이

답 _____

7 분모가 7인 진분수가 2개 있습니다.
합이 $1\frac{2}{7}$, 차가 $\frac{3}{7}$인 두 진분수를 구해 보세요.

풀이

답 _____ , _____

8 길이가 0.6 m인 색 테이프 2장을 15 cm만큼 겹치게 한 줄로 길게 이어
붙였습니다. 이어 붙인 색 테이프의 전체 길이는 몇 m인가요?

풀이

답 _____

정답과 해설 36쪽

9 어떤 도형을 시계 방향으로 90°만큼 돌려야 할 것을 잘못하여
시계 반대 방향으로 90°만큼 돌렸더니 다음과 같이 되었습니다.
바르게 움직인 도형을 그려 보세요.

잘못 움직인 도형

바르게 움직인 도형

 풀이

10 사각형 ㄱㄴㄷㄹ은 마름모입니다. 각 ㄹㄴㄷ의 크기는 몇 도인가요?

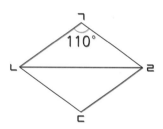

 풀이

답 _____

151

MEMO

공부로 이끄는 힘

완자 공부력

4B

4학년

발전

정답과 해설

교과서 문해력

수학 문장제

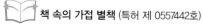

책 속의 가접 별책 (특허 제 0557442호)

'정답과 해설'은 진도책에서 쉽게 분리할 수 있도록 제작되었으므로
유통 과정에서 분리될 수 있으나 파본이 아닌 정상 제품입니다.

완자 공부력

교과서 문해력 | 수학 문장제 발전 **4B**

정답과 해설

1. 분수의 덧셈과 뺄셈

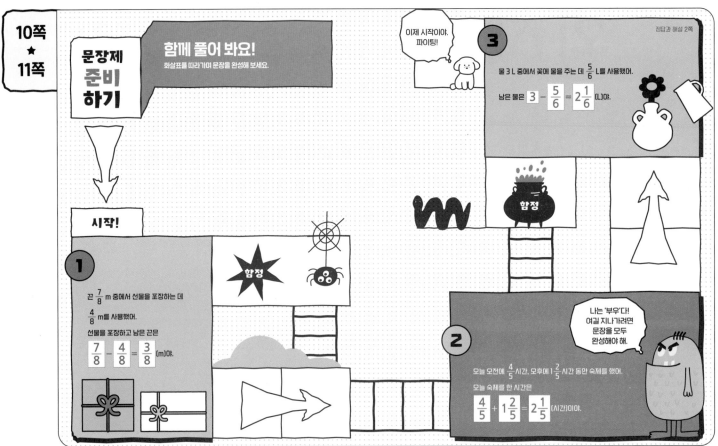

문장제 준비하기

함께 풀어 봐요!
화살표를 따라가며 문장을 완성해 보세요.

시작!

1
끈 $\frac{7}{8}$ m 중에서 선물을 포장하는 데 $\frac{4}{8}$ m를 사용했어.
선물을 포장하고 남은 끈은
$\frac{7}{8} - \frac{4}{8} = \frac{3}{8}$ (m)야.

이제 시작이야. 파이팅!

3
물 3 L 중에서 꽃에 물을 주는 데 $\frac{5}{6}$ L를 사용했어.
남은 물은 $3 - \frac{5}{6} = 2\frac{1}{6}$ (L)야.

함정

함정

나는 '부우'다! 여길 지나가려면 문장을 모두 완성해야 해.

2
오늘 오전에 $\frac{4}{5}$ 시간, 오후에 $1\frac{2}{5}$ 시간 동안 숙제를 했어.
오늘 숙제를 한 시간은
$\frac{4}{5} + 1\frac{2}{5} = 2\frac{1}{5}$ (시간)이야.

정답과 해설 2쪽

1일

문장제 연습하기
*분수의 덧셈과 뺄셈

공부한 날   월   일

1. 분수의 덧셈과 뺄셈
정답과 해설 2쪽

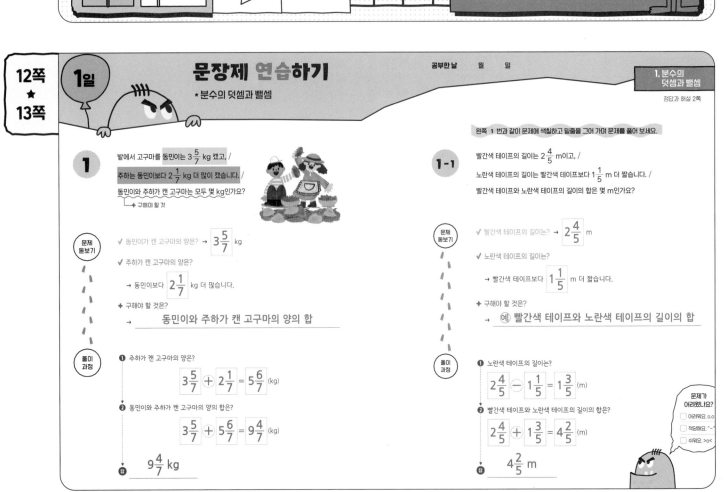

왼쪽 **1**번과 같이 문제에 색칠하고 밑줄을 그어 가며 문제를 풀어 보세요.

1
밭에서 고구마를 동민이는 $3\frac{5}{7}$ kg 캤고, / 주하는 동민이보다 $2\frac{1}{7}$ kg 더 많이 캤습니다. / 동민이와 주하가 캔 고구마는 모두 몇 kg인가요?
→ 구해야 할 것

문제 돌보기

✓ 동민이가 캔 고구마의 양은? → $3\frac{5}{7}$ kg

✓ 주하가 캔 고구마의 양은?
→ 동민이보다 $2\frac{1}{7}$ kg 더 많습니다.

✦ 구해야 할 것은?
→ 동민이와 주하가 캔 고구마의 양의 합

풀이 과정

❶ 주하가 캔 고구마의 양은?
$$3\frac{5}{7} + 2\frac{1}{7} = 5\frac{6}{7} \text{ (kg)}$$

❷ 동민이와 주하가 캔 고구마의 양의 합은?
$$3\frac{5}{7} + 5\frac{6}{7} = 9\frac{4}{7} \text{ (kg)}$$

답 $9\frac{4}{7}$ kg

1-1
빨간색 테이프의 길이는 $2\frac{4}{5}$ m이고, / 노란색 테이프의 길이는 빨간색 테이프보다 $1\frac{1}{5}$ m 더 짧습니다. / 빨간색 테이프와 노란색 테이프의 길이의 합은 몇 m인가요?

문제 돌보기

✓ 빨간색 테이프의 길이는? → $2\frac{4}{5}$ m

✓ 노란색 테이프의 길이는?
→ 빨간색 테이프보다 $1\frac{1}{5}$ m 더 짧습니다.

✦ 구해야 할 것은?
→ 예 빨간색 테이프와 노란색 테이프의 길이의 합

풀이 과정

❶ 노란색 테이프의 길이는?
$$2\frac{4}{5} - 1\frac{1}{5} = 1\frac{3}{5} \text{ (m)}$$

❷ 빨간색 테이프와 노란색 테이프의 길이의 합은?
$$2\frac{4}{5} + 1\frac{3}{5} = 4\frac{2}{5} \text{ (m)}$$

답 $4\frac{2}{5}$ m

문제가 어려웠나요?
☐ 어려워요. o.o
☐ 적당해요. ^-^
☐ 쉬워요. >.<

문장제 연습하기

★ 몇 번 뺄 수 있는지 구하기

2 우유가 $4\frac{1}{3}$ L 있습니다. /
초코우유 한 병을 만드는 데 /
우유가 $1\frac{2}{3}$ L 필요합니다. /
초코우유를 몇 병까지 만들 수 있고, /
남는 우유는 몇 L인가요? → 구해야 할 것

문제 돌보기

✓ 우유의 양은? → $4\frac{1}{3}$ L

✓ 초코우유 한 병을 만드는 데 필요한 우유의 양은? → $1\frac{2}{3}$ L

✦ 구해야 할 것은?

→ 만들 수 있는 초코우유의 병 수와 남는 우유의 양

풀이 과정

❶ $4\frac{1}{3}$에서 $1\frac{2}{3}$를 몇 번까지 뺄 수 있는지 알아보면?

$4\frac{1}{3} - 1\frac{2}{3} = 2\frac{2}{3}$, $2\frac{2}{3} - 1\frac{2}{3} = 1$

⇨ 2 번까지 뺄 수 있습니다.

❷ 만들 수 있는 초코우유의 병 수와 남는 우유의 양은?

$4\frac{1}{3}$에서 $1\frac{2}{3}$를 2 번까지 뺄 수 있고, 남는 수는 1 입니다.

⇨ 초코우유를 2 병까지 만들 수 있고, 남는 우유는 1 L입니다.

답: 2병 _____ 1 L

왼쪽 **2** 번과 같이 문제에 색칠하고 밑줄을 그어 가며 문제를 풀어 보세요.

2-1 땅콩이 $6\frac{2}{8}$ kg 있습니다. / 한 상자에 땅콩을 $1\frac{7}{8}$ kg씩 담으려고 합니다. /
땅콩을 몇 상자까지 담을 수 있고, / 남는 땅콩은 몇 kg인가요?

문제 돌보기

✓ 땅콩의 양은? → $6\frac{2}{8}$ kg

✓ 한 상자에 담는 땅콩의 양은? → $1\frac{7}{8}$ kg

✦ 구해야 할 것은?

→ 예 담을 수 있는 상자 수와 남는 땅콩의 양

풀이 과정

❶ $6\frac{2}{8}$에서 $1\frac{7}{8}$을 몇 번까지 뺄 수 있는지 알아보면?

$6\frac{2}{8} - 1\frac{7}{8} = 4\frac{3}{8}$, $4\frac{3}{8} - 1\frac{7}{8} = 2\frac{4}{8}$

$2\frac{4}{8} - 1\frac{7}{8} = \frac{5}{8}$

⇨ 3 번까지 뺄 수 있습니다.

❷ 담을 수 있는 상자 수와 남는 땅콩의 양은?

$6\frac{2}{8}$에서 $1\frac{7}{8}$을 3 번까지 뺄 수 있고, 남는 수는 $\frac{5}{8}$ 입니다.

⇨ 땅콩을 3 상자까지 담을 수 있고, 남는 땅콩은 $\frac{5}{8}$ kg 입니다.

답: 3상자 _____ $\frac{5}{8}$ kg

문제가 어려웠나요?
○ 어려워요 0.0
○ 적당해요 ^-^
○ 쉬워요 >o<

문장제 실력 쌓기

★ 분수의 덧셈과 뺄셈
★ 몇 번 뺄 수 있는지 구하기

문제를 읽고 '연습하기'에서 했던 것처럼 밑줄을 그어 가며 문제를 풀어 보세요.

1 서영이의 가방 무게는 $1\frac{8}{9}$ kg이고, 정재의 가방 무게는 서영이 가방보다 $\frac{4}{9}$ kg 더 무겁습니다. 서영이와 정재의 가방 무게의 합은 몇 kg인가요?

❶ 정재의 가방 무게는?

예 (서영이의 가방 무게) $+ \frac{4}{9} = 1\frac{8}{9} + \frac{4}{9} = 1\frac{12}{9} = 2\frac{3}{9}$ (kg)

❷ 서영이와 정재의 가방 무게의 합은?

예 (서영이의 가방 무게) + (정재의 가방 무게) $= 1\frac{8}{9} + 2\frac{3}{9} = 3\frac{11}{9} = 4\frac{2}{9}$ (kg)

답: $4\frac{2}{9}$ kg

2 딸기가 $3\frac{6}{7}$ kg 있습니다. 딸기주스 한 병을 만드는 데 딸기가 $1\frac{4}{7}$ kg 필요합니다.
딸기주스를 몇 병까지 만들 수 있고, 남는 딸기는 몇 kg인가요?

❶ $3\frac{6}{7}$에서 $1\frac{4}{7}$를 몇 번까지 뺄 수 있는지 알아보면?

예 $3\frac{6}{7} - 1\frac{4}{7} = 2\frac{2}{7}$, $2\frac{2}{7} - 1\frac{4}{7} = \frac{9}{7} - 1\frac{4}{7} = \frac{5}{7}$

⇨ 2번까지 뺄 수 있습니다.

❷ 만들 수 있는 딸기주스의 병 수와 남는 딸기의 양은?

예 $3\frac{6}{7}$에서 $1\frac{4}{7}$를 2번까지 뺄 수 있고, 남는 수는 $\frac{5}{7}$입니다.

⇨ 딸기주스를 2병까지 만들 수 있고, 남는 딸기는 $\frac{5}{7}$ kg입니다.

답: 2병 _____ $\frac{5}{7}$ kg

3 물이 1 L 있었습니다. 재빈이는 $\frac{5}{11}$ L를 마셨고, 영준이는 재빈이보다 $\frac{1}{11}$ L 더 적게 마셨습니다. 재빈이와 영준이가 마시고 남은 물은 몇 L인가요?

❶ 영준이가 마신 물의 양은?

예 (재빈이가 마신 물의 양) $- \frac{1}{11} = \frac{5}{11} - \frac{1}{11} = \frac{4}{11}$ (L)

❷ 재빈이와 영준이가 마시고 남은 물의 양은?

예 재빈이와 영준이가 마신 물의 양이 $\frac{5}{11} + \frac{4}{11} = \frac{9}{11}$ (L)이므로
마시고 남은 물은 $1 - \frac{9}{11} = \frac{11}{11} - \frac{9}{11} = \frac{2}{11}$ (L)입니다.

답: $\frac{2}{11}$ L

4 리본이 $5\frac{4}{5}$ m 있습니다. 팔찌 한 개를 만드는 데 리본이 $1\frac{2}{5}$ m 필요합니다.
팔찌를 몇 개까지 만들 수 있고, 남는 리본은 몇 m인가요?

❶ $5\frac{4}{5}$에서 $1\frac{2}{5}$를 몇 번까지 뺄 수 있는지 알아보면?

예 $5\frac{4}{5} - 1\frac{2}{5} = 4\frac{2}{5}$, $4\frac{2}{5} - 1\frac{2}{5} = 3$, $3 - 1\frac{2}{5} = 2\frac{5}{5} - 1\frac{2}{5} = 1\frac{3}{5}$, $1\frac{3}{5} - 1\frac{2}{5} = \frac{1}{5}$

⇨ 4번까지 뺄 수 있습니다.

❷ 만들 수 있는 팔찌 수와 남는 리본의 길이는?

예 $5\frac{4}{5}$에서 $1\frac{2}{5}$를 4번까지 뺄 수 있고, 남는 수는 $\frac{1}{5}$입니다.

⇨ 팔찌를 4개까지 만들 수 있고, 남는 리본은 $\frac{1}{5}$ m입니다.

답: 4개 _____ $\frac{1}{5}$ m

문장제 연습하기

* □ 안에 들어갈 수 있는 수 구하기

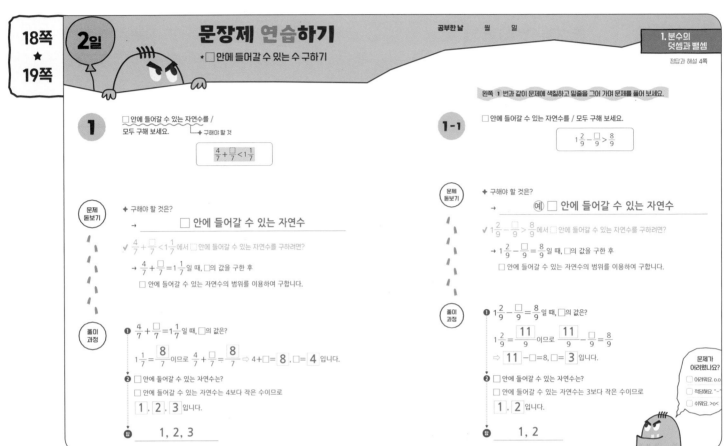

1 □ 안에 들어갈 수 있는 자연수를 /
모두 구해 보세요.   └→ 구해야 할 것

$$\frac{4}{7} + \frac{\square}{7} < 1\frac{1}{7}$$

문제 돋보기

✦ 구해야 할 것은?
→ _____ □ 안에 들어갈 수 있는 자연수 _____

✓ $\frac{4}{7} + \frac{\square}{7} < 1\frac{1}{7}$ 에서 □ 안에 들어갈 수 있는 자연수를 구하려면?
→ $\frac{4}{7} + \frac{\square}{7} = 1\frac{1}{7}$ 일 때, □의 값을 구한 후
□ 안에 들어갈 수 있는 자연수의 범위를 이용하여 구합니다.

풀이 과정

❶ $\frac{4}{7} + \frac{\square}{7} = 1\frac{1}{7}$ 일 때, □의 값은?
$1\frac{1}{7} = \frac{8}{7}$ 이므로 $\frac{4}{7} + \frac{\square}{7} = \frac{8}{7}$ ⇨ $4 + \square = 8$, $\square = 4$ 입니다.

❷ □ 안에 들어갈 수 있는 자연수는?
□ 안에 들어갈 수 있는 자연수는 4보다 작은 수이므로
1, **2**, **3** 입니다.

답 _____ 1, 2, 3 _____

왼쪽 **1** 번과 같이 문제에 색칠하고 밑줄을 그어 가며 문제를 풀어 보세요.

1-1 □ 안에 들어갈 수 있는 자연수를 / 모두 구해 보세요.

$$1\frac{2}{9} - \frac{\square}{9} > \frac{8}{9}$$

문제 돋보기

✦ 구해야 할 것은?
→ (예) □ 안에 들어갈 수 있는 자연수

✓ $1\frac{2}{9} - \frac{\square}{9} > \frac{8}{9}$ 에서 □ 안에 들어갈 수 있는 자연수를 구하려면?
→ $1\frac{2}{9} - \frac{\square}{9} = \frac{8}{9}$ 일 때, □의 값을 구한 후
□ 안에 들어갈 수 있는 자연수의 범위를 이용하여 구합니다.

풀이 과정

❶ $1\frac{2}{9} - \frac{\square}{9} = \frac{8}{9}$ 일 때, □의 값은?
$1\frac{2}{9} = \frac{11}{9}$ 이므로 $\frac{11}{9} - \frac{\square}{9} = \frac{8}{9}$
⇨ $11 - \square = 8$, $\square = 3$ 입니다.

❷ □ 안에 들어갈 수 있는 자연수는?
□ 안에 들어갈 수 있는 자연수는 3보다 작은 수이므로
1, **2** 입니다.

답 _____ 1, 2 _____

문제가
어려웠나요?
☐ 어려워요. o.o
☐ 적당해요. ˘-˘
☐ 쉬워요. >o<

문장제 연습하기

* 처음의 양 구하기

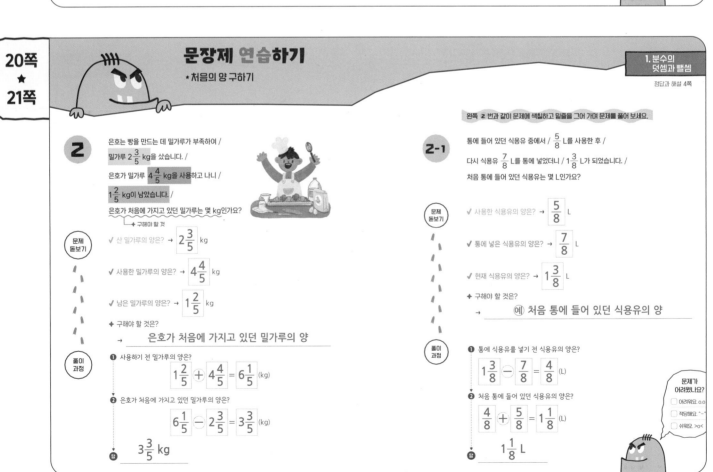

2 은호는 빵을 만드는 데 밀가루가 부족하여 /
밀가루 $2\frac{3}{5}$ kg을 샀습니다. /
은호가 밀가루 $4\frac{4}{5}$ kg을 사용하고 나니 /
$1\frac{2}{5}$ kg이 남았습니다. /
은호가 처음에 가지고 있던 밀가루는 몇 kg인가요?
└→ 구해야 할 것

문제 돋보기

✓ 산 밀가루의 양은? → $2\frac{3}{5}$ kg

✓ 사용한 밀가루의 양은? → $4\frac{4}{5}$ kg

✓ 남은 밀가루의 양은? → $1\frac{2}{5}$ kg

✦ 구해야 할 것은?
→ _____ 은호가 처음에 가지고 있던 밀가루의 양 _____

풀이 과정

❶ 사용하기 전 밀가루의 양은?
$$1\frac{2}{5} + 4\frac{4}{5} = 6\frac{1}{5} \text{ (kg)}$$

❷ 은호가 처음에 가지고 있던 밀가루의 양은?
$$6\frac{1}{5} - 2\frac{3}{5} = 3\frac{3}{5} \text{ (kg)}$$

답 _____ $3\frac{3}{5}$ kg _____

왼쪽 **2** 번과 같이 문제에 색칠하고 밑줄을 그어 가며 문제를 풀어 보세요.

2-1 통에 들어 있던 식용유 중에서 / $\frac{5}{8}$ L를 사용한 후 /
다시 식용유 $\frac{7}{8}$ L를 통에 넣었더니 / $1\frac{3}{8}$ L가 되었습니다. /
처음 통에 들어 있던 식용유는 몇 L인가요?

문제 돋보기

✓ 사용한 식용유의 양은? → $\frac{5}{8}$ L

✓ 통에 넣은 식용유의 양은? → $\frac{7}{8}$ L

✓ 현재 식용유의 양은? → $1\frac{3}{8}$ L

✦ 구해야 할 것은?
→ (예) 처음 통에 들어 있던 식용유의 양

풀이 과정

❶ 통에 식용유를 넣기 전 식용유의 양은?
$$1\frac{3}{8} - \frac{7}{8} = \frac{4}{8} \text{ (L)}$$

❷ 처음 통에 들어 있던 식용유의 양은?
$$\frac{4}{8} + \frac{5}{8} = 1\frac{1}{8} \text{ (L)}$$

답 _____ $1\frac{1}{8}$ L _____

문제가
어려웠나요?
☐ 어려워요. o.o
☐ 적당해요. ˘-˘
☐ 쉬워요. >o<

문장제 실력 쌓기

★ □ 안에 들어갈 수 있는 수 구하기

★ 처음의 양 구하기

문제를 읽고 '연습하기'에서 했던 것처럼 밑줄을 그어 가며 문제를 풀어 보세요.

1 □ 안에 들어갈 수 있는 자연수를 모두 구해 보세요.

$$\frac{\square}{5} + \frac{3}{5} < 1\frac{2}{5}$$

❶ $\frac{\square}{5} + \frac{3}{5} = 1\frac{2}{5}$ 일 때, □의 값은?

예 $1\frac{2}{5} = \frac{7}{5}$ 이므로 $\frac{\square}{5} + \frac{3}{5} = \frac{7}{5}$ 입니다. ⇨ □+3=7, □=4

❷ □ 안에 들어갈 수 있는 자연수는?

예 □ 안에 들어갈 수 있는 자연수는 4보다 작은 수이므로 1, 2, 3입니다.

답　　　1, 2, 3

2 재윤이는 유자청을 만드는 데 설탕이 부족하여 설탕 $1\frac{4}{7}$ kg을 샀습니다.
재윤이가 설탕 $2\frac{2}{7}$ kg을 사용하고 나니 $\frac{6}{7}$ kg이 남았습니다.
재윤이가 처음에 가지고 있던 설탕은 몇 kg인가요?

❶ 사용하기 전 설탕의 양은?

예 (남은 설탕의 양)+(사용한 설탕의 양)= $\frac{6}{7} + 2\frac{2}{7} = 2\frac{8}{7} = 3\frac{1}{7}$ (kg)

❷ 재윤이가 처음에 가지고 있던 설탕의 양은?

예 (사용하기 전 설탕의 양)−(산 설탕의 양)= $3\frac{1}{7} - 1\frac{4}{7} = 2\frac{8}{7} - 1\frac{4}{7} = 1\frac{4}{7}$ (kg)

답　　　 $1\frac{4}{7}$ kg

3 물통에 들어 있던 물 중에서 $\frac{2}{9}$ L를 마신 후 다시 물 $1\frac{7}{9}$ L를 물통에 부었더니
$4\frac{5}{9}$ L가 되었습니다. 처음 물통에 들어 있던 물은 몇 L인가요?

❶ 물통에 물을 붓기 전 물의 양은?

예 (현재 물의 양)−(물통에 부은 물의 양)
= $4\frac{5}{9} - 1\frac{7}{9} = 3\frac{14}{9} - 1\frac{7}{9} = 2\frac{7}{9}$ (L)

❷ 처음 물통에 들어 있던 물의 양은?

예 (물통에 물을 붓기 전 물의 양)+(마신 물의 양)
= $2\frac{7}{9} + \frac{2}{9} = 2\frac{9}{9} = 3$ (L)

답　　　3 L

4 11보다 작은 자연수 중에서 □ 안에 들어갈 수 있는 자연수를 모두 구해 보세요.

$$1\frac{3}{11} - \frac{\square}{11} < \frac{6}{11}$$

❶ $1\frac{3}{11} - \frac{\square}{11} = \frac{6}{11}$ 일 때, □의 값은?

예 $1\frac{3}{11} = \frac{14}{11}$ 이므로 $\frac{14}{11} - \frac{\square}{11} = \frac{6}{11}$ 입니다.
⇨ 14−□=6, □=8

❷ □ 안에 들어갈 수 있는 자연수는?

예 11보다 작은 자연수 중에서 □ 안에 들어갈 수 있는 자연수는
8보다 큰 수이므로 9, 10입니다.

답　　　9, 10

문장제 연습하기

★ 바르게 계산한 값 구하기

공부한 날　　월　　일

왼쪽 **1** 번과 같이 문제에 색칠하고 밑줄을 그어 가며 문제를 풀어 보세요.

1 어떤 수에 $5\frac{3}{8}$ 을 더해야 할 것을 /
잘못하여 $3\frac{5}{8}$ 를 더했더니 $6\frac{1}{8}$ 이 되었습니다. /
바르게 계산한 값은 얼마인가요?
→ 구해야 할 것

문제
돌보기

✔ 잘못 계산한 식은?

→ 어떤 수에 $3\frac{5}{8}$ 을(를) 더했더니 $6\frac{1}{8}$ 이(가) 되었습니다.

✔ 바르게 계산하려면? → 어떤 수에 $5\frac{3}{8}$ 을(를) 더합니다.

✦ 구해야 할 것은?

→　　　바르게 계산한 값

풀이
과정

❶ 어떤 수를 ■라 할 때, 잘못 계산한 식은?

$$■ + 3\frac{5}{8} = 6\frac{1}{8}$$

❷ 어떤 수는?

$$6\frac{1}{8} - 3\frac{5}{8} = ■, ■ = 2\frac{4}{8}$$

❸ 바르게 계산한 값은?

$$2\frac{4}{8} + 5\frac{3}{8} = 7\frac{7}{8}$$

답　　　 $7\frac{7}{8}$

1-1 어떤 수에서 $2\frac{4}{7}$ 를 빼야 할 것을 /
잘못하여 $4\frac{2}{7}$ 를 뺐더니 $1\frac{6}{7}$ 이 되었습니다. /
바르게 계산한 값은 얼마인가요?

문제
돌보기

✔ 잘못 계산한 식은?

→ 어떤 수에서 $4\frac{2}{7}$ 을(를) 뺐더니 $1\frac{6}{7}$ 이(가) 되었습니다.

✔ 바르게 계산하려면? → 어떤 수에서 $2\frac{4}{7}$ 을(를) 뺍니다.

✦ 구해야 할 것은?

→　　　예 바르게 계산한 값

풀이
과정

❶ 어떤 수를 ■라 할 때, 잘못 계산한 식은?

$$■ - 4\frac{2}{7} = 1\frac{6}{7}$$

❷ 어떤 수는?

$$1\frac{6}{7} + 4\frac{2}{7} = ■, ■ = 6\frac{1}{7}$$

❸ 바르게 계산한 값은?

$$6\frac{1}{7} - 2\frac{4}{7} = 3\frac{4}{7}$$

답　　　 $3\frac{4}{7}$

문제가
어려웠나요?

☐ 어려워요. o.o
☐ 적당해요. "-"
☐ 쉬워요. >o<

문장제 연습하기

*합과 차를 알 때 두 진분수 구하기

왼쪽 **2** 번과 같이 문제에 색칠하고 밑줄을 그어 가며 문제를 풀어 보세요.

2

분모가 5인 진분수가 2개 있습니다. /
합이 $1\frac{1}{5}$, 차가 $\frac{2}{5}$인 /
두 진분수를 구해 보세요.
└→ 구해야 할 것

 문제 돌보기

✓ 두 진분수의 분모는? → 5

✓ 두 진분수의 합과 차는? → 합: $1\frac{1}{5}$, 차: $\frac{2}{5}$

✦ 구해야 할 것은?
→ ___두 진분수___

 풀이 과정

❶ 두 진분수의 분자의 합과 차는?

$1\frac{1}{5}$을 가분수로 나타내면 $\frac{6}{5}$ 입니다.

➡ 두 진분수의 분자의 합은 6 이고, 차는 2 입니다.

❷ 두 진분수는?

합이 6, 차가 2 인 두 진분수의 분자는 4 , 2 입니다.

➡ 두 진분수는 $\frac{4}{5}$, $\frac{2}{5}$ 입니다.

답 $\frac{4}{5}$, $\frac{2}{5}$

2-1

분모가 11인 진분수가 2개 있습니다. /
합이 $1\frac{4}{11}$, 차가 $\frac{1}{11}$인 /
두 진분수를 구해 보세요.

 문제 돌보기

✓ 두 진분수의 분모는? → 11

✓ 두 진분수의 합과 차는? → 합: $1\frac{4}{11}$, 차: $\frac{1}{11}$

✦ 구해야 할 것은?
→ ___예) 두 진분수___

 풀이 과정

❶ 두 진분수의 분자의 합과 차는?

$1\frac{4}{11}$를 가분수로 나타내면 $\frac{15}{11}$ 입니다.

➡ 두 진분수의 분자의 합은 15 이고, 차는 1 입니다.

❷ 두 진분수는?

합이 15, 차가 1 인 두 진분수의 분자는 8 , 7 입니다.

➡ 두 진분수는 $\frac{8}{11}$, $\frac{7}{11}$ 입니다.

답 $\frac{8}{11}$, $\frac{7}{11}$

문제가 어려웠나요?
☐ 어려워요 o.o
☐ 적당해요 ˘_˘
☐ 쉬워요 >o<

문장제 실력 쌓기

*바르게 계산한 값 구하기
*합과 차를 알 때 두 진분수 구하기

문제를 읽고 '연습하기'에서 했던 것처럼 밑줄을 그어 가며 문제를 풀어 보세요.

1 분모가 7인 진분수가 2개 있습니다.
합이 $\frac{5}{7}$, 차가 $\frac{3}{7}$인 두 진분수를 구해 보세요.

❶ 두 진분수의 분자의 합과 차는?
예) 두 진분수의 분자의 합은 5이고, 차는 3입니다.

❷ 두 진분수는?
예) 합이 5, 차가 3인 두 진분수의 분자는 4와 1입니다.
따라서 두 진분수는 $\frac{4}{7}$, $\frac{1}{7}$입니다.

답 $\frac{4}{7}$, $\frac{1}{7}$

2 어떤 수에 $5\frac{4}{9}$를 더해야 할 것을 잘못하여 $4\frac{5}{9}$를 더했더니 $5\frac{2}{9}$가 되었습니다.
바르게 계산한 값은 얼마인가요?

❶ 어떤 수를 ■라 할 때, 잘못 계산한 식은?
예) $■+4\frac{5}{9}=5\frac{2}{9}$

❷ 어떤 수는?
예) $5\frac{2}{9}-4\frac{5}{9}=■$, $■=4\frac{11}{9}-4\frac{5}{9}=\frac{6}{9}$

❸ 바르게 계산한 값은?
예) $\frac{6}{9}+5\frac{4}{9}=5\frac{10}{9}=6\frac{1}{9}$

답 $6\frac{1}{9}$

3 분모가 13인 진분수가 2개 있습니다.
합이 $1\frac{1}{13}$, 차가 $\frac{4}{13}$인 두 진분수를 구해 보세요.

❶ 두 진분수의 분자의 합과 차는?
예) $1\frac{1}{13}$을 가분수로 나타내면 $\frac{14}{13}$입니다.
➡ 두 진분수의 분자의 합은 14이고, 차는 4입니다.

❷ 두 진분수는?
예) 합이 14, 차가 4인 두 진분수의 분자는 9와 5입니다.
따라서 두 진분수는 $\frac{9}{13}$, $\frac{5}{13}$입니다.

답 $\frac{9}{13}$, $\frac{5}{13}$

4 어떤 수에서 $1\frac{7}{8}$을 빼야 할 것을 잘못하여 $7\frac{1}{8}$을 뺐더니 $2\frac{3}{8}$이 되었습니다.
바르게 계산한 값은 얼마인가요?

❶ 어떤 수를 ■라 할 때, 잘못 계산한 식은?
예) $■-7\frac{1}{8}=2\frac{3}{8}$

❷ 어떤 수는?
예) $2\frac{3}{8}+7\frac{1}{8}=■$, $■=9\frac{4}{8}$

❸ 바르게 계산한 값은?
예) $9\frac{4}{8}-1\frac{7}{8}=8\frac{12}{8}-1\frac{7}{8}=7\frac{5}{8}$

답 $7\frac{5}{8}$

12쪽 분수의 덧셈과 뺄셈

1 수박의 무게는 $2\frac{1}{5}$ kg이고, 멜론의 무게는 수박보다 $\frac{3}{5}$ kg 더 가볍습니다.
수박과 멜론의 무게의 합은 몇 kg인가요?

풀이 (예) (멜론의 무게)$=2\frac{1}{5}-\frac{3}{5}=1\frac{6}{5}-\frac{3}{5}=1\frac{3}{5}$(kg)

➡ (수박과 멜론의 무게의 합)$=2\frac{1}{5}+1\frac{3}{5}=3\frac{4}{5}$(kg)

답 $3\frac{4}{5}$ kg

26쪽 합과 차를 알 때 두 진분수 구하기

2 ㉠과 ㉡에 알맞은 자연수를 구해 보세요.

$$\frac{㉠}{10}+\frac{㉡}{10}=\frac{7}{10}, \frac{㉠}{10}-\frac{㉡}{10}=\frac{1}{10}$$

풀이 (예) ㉠+㉡=7이고, ㉠-㉡=1입니다.
4+3=7, 4-3=1이므로 ㉠=4, ㉡=3입니다.

답 ㉠: **4** , ㉡: **3**

18쪽 □ 안에 들어갈 수 있는 수 구하기

3 □ 안에 들어갈 수 있는 자연수를 모두 구해 보세요.

$$\frac{5}{6}+\frac{□}{6}<1\frac{2}{6}$$

풀이 (예) $\frac{5}{6}+\frac{□}{6}=1\frac{2}{6}$일 때, $1\frac{2}{6}=\frac{8}{6}$이므로 $\frac{5}{6}+\frac{□}{6}=\frac{8}{6}$입니다.
➡ 5+□=8, □=3
따라서 □ 안에 들어갈 수 있는 자연수는 3보다 작은 수이므로 1, 2입니다.

답 **1, 2**

14쪽 몇 번 뺄 수 있는지 구하기

4 주스가 $7\frac{2}{7}$ L 있습니다. 병 한 개에 주스를 $2\frac{5}{7}$ L씩 담으려고 합니다.
주스를 몇 병까지 담을 수 있고, 남는 주스는 몇 L인가요?

풀이 (예) $7\frac{2}{7}-2\frac{5}{7}=6\frac{9}{7}-2\frac{5}{7}=4\frac{4}{7}$, $4\frac{4}{7}-2\frac{5}{7}=3\frac{11}{7}-2\frac{5}{7}=1\frac{6}{7}$

➡ $7\frac{2}{7}$에서 $2\frac{5}{7}$를 2번까지 뺄 수 있고, 남는 수는 $1\frac{6}{7}$입니다.
따라서 주스를 2병까지 담을 수 있고, 남는 주스는 $1\frac{6}{7}$ L입니다.

답 **2병** , $1\frac{6}{7}$ L

12쪽 분수의 덧셈과 뺄셈

5 철사가 1 m 있었습니다. 지우는 $\frac{4}{13}$ m를 사용했고, 민서는 지우보다 $\frac{2}{13}$ m
더 길게 사용했습니다. 지우와 민서가 사용하고 남은 철사는 몇 m인가요?

풀이 (예) (민서가 사용한 철사의 길이)$=\frac{4}{13}+\frac{2}{13}=\frac{6}{13}$(m)

➡ 지우와 민서가 사용한 철사가 $\frac{4}{13}+\frac{6}{13}=\frac{10}{13}$(m)이므로
사용하고 남은 철사는 $1-\frac{10}{13}=\frac{13}{13}-\frac{10}{13}=\frac{3}{13}$(m)입니다.

답 $\frac{3}{13}$ m

26쪽 합과 차를 알 때 두 진분수 구하기

6 분모가 9인 진분수가 2개 있습니다.
합이 $1\frac{1}{9}$, 차가 $\frac{2}{9}$인 두 진분수를 구해 보세요.

풀이 (예) $1\frac{1}{9}$을 가분수로 나타내면 $\frac{10}{9}$입니다.

➡ 두 진분수의 분자의 합은 10이고, 차는 2입니다.
합이 10, 차가 2인 두 진분수의 분자는 6, 4입니다.
따라서 두 진분수는 $\frac{6}{9}$, $\frac{4}{9}$입니다.

답 $\frac{6}{9}$, $\frac{4}{9}$

20쪽 처음의 양 구하기

7 주성이는 빵을 만드는 데 밀가루가 부족하여 영하에게 밀가루 $1\frac{5}{8}$ kg을
받았습니다. 주성이가 밀가루 $3\frac{3}{8}$ kg을 사용하고 나니 $\frac{7}{8}$ kg이 남았습니다.
주성이가 처음에 가지고 있던 밀가루는 몇 kg인가요?

풀이 (예) (사용하기 전 밀가루의 양)$=\frac{7}{8}+3\frac{3}{8}=3\frac{10}{8}=4\frac{2}{8}$(kg)

➡ (주성이가 처음에 가지고 있던 밀가루의 양)
$=4\frac{2}{8}-1\frac{5}{8}=3\frac{10}{8}-1\frac{5}{8}=2\frac{5}{8}$(kg)

답 $2\frac{5}{8}$ kg

18쪽 □ 안에 들어갈 수 있는 수 구하기

8 7보다 작은 자연수 중에서 □ 안에 들어갈 수 있는 자연수를 모두 구해 보세요.

$$1\frac{2}{7}-\frac{□}{7}<\frac{6}{7}$$

풀이 (예) $1\frac{2}{7}-\frac{□}{7}=\frac{6}{7}$일 때, $1\frac{2}{7}=\frac{9}{7}$이므로 $\frac{9}{7}-\frac{□}{7}=\frac{6}{7}$입니다.
➡ 9-□=6, □=3
따라서 7보다 작은 자연수 중에서 □ 안에 들어갈 수 있는
자연수는 3보다 큰 수이므로 4, 5, 6입니다.

답 **4, 5, 6**

24쪽 바르게 계산한 값 구하기

9 어떤 수에서 $3\frac{6}{11}$을 빼야 할 것을 잘못하여 $6\frac{3}{11}$을 뺐더니
$1\frac{10}{11}$이 되었습니다. 바르게 계산한 값은 얼마인가요?

풀이 (예) 어떤 수를 ■라 할 때, 잘못 계산한 식은 $■-6\frac{3}{11}=1\frac{10}{11}$입니다.

➡ $1\frac{10}{11}+6\frac{3}{11}=■$, $■=7\frac{13}{11}=8\frac{2}{11}$
따라서 바르게 계산한 값은 $8\frac{2}{11}-3\frac{6}{11}=7\frac{13}{11}-3\frac{6}{11}=4\frac{7}{11}$입니다.

답 $4\frac{7}{11}$

20쪽 처음의 양 구하기

도전! 10 **24쪽** 바르게 계산한 값 구하기

물통에 들어 있던 물 중에서 $2\frac{8}{9}$ L를 덜어 내야 할 것을 잘못하여
$3\frac{5}{9}$ L를 덜어 내고 $1\frac{2}{9}$ L를 물통에 부었더니 $2\frac{1}{9}$ L가 되었습니다.
물통에 들어 있던 물을 바르게 덜어 내면 몇 L가 남을까요?

❶ 물통에 들어 있던 물의 양은?

(예) (물통에 물을 붓기 전 물의 양)$=2\frac{1}{9}-1\frac{2}{9}=1\frac{10}{9}-1\frac{2}{9}=\frac{8}{9}$(L)

➡ (물통에 들어 있던 물의 양)$=\frac{8}{9}+3\frac{5}{9}=3\frac{13}{9}=4\frac{4}{9}$(L)

❷ 물통에 들어 있던 물을 바르게 덜어 냈을 때 남는 물의 양은?

(예) (물통에 들어 있던 물의 양)$-2\frac{8}{9}$
$=4\frac{4}{9}-2\frac{8}{9}=3\frac{13}{9}-2\frac{8}{9}=1\frac{5}{9}$(L)

답 $1\frac{5}{9}$ L

2. 사각형

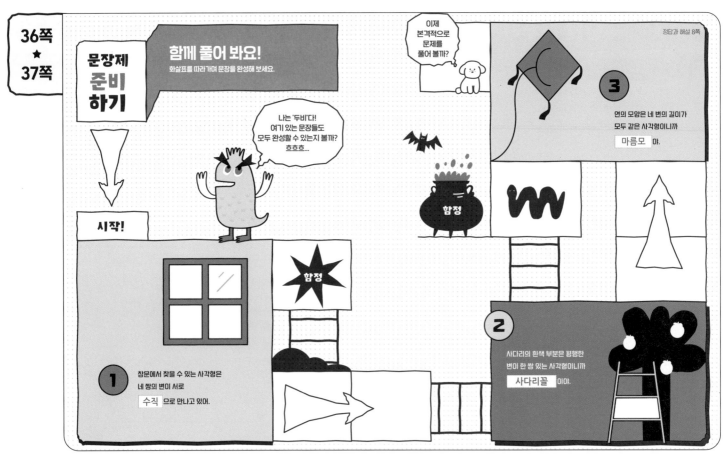

5일

문장제 연습하기

*서로 수직인 두 직선과 한 직선이
 만날 때 생기는 각의 크기 구하기

공부한 날   월   일

2. 사각형

정답과 해설 8쪽

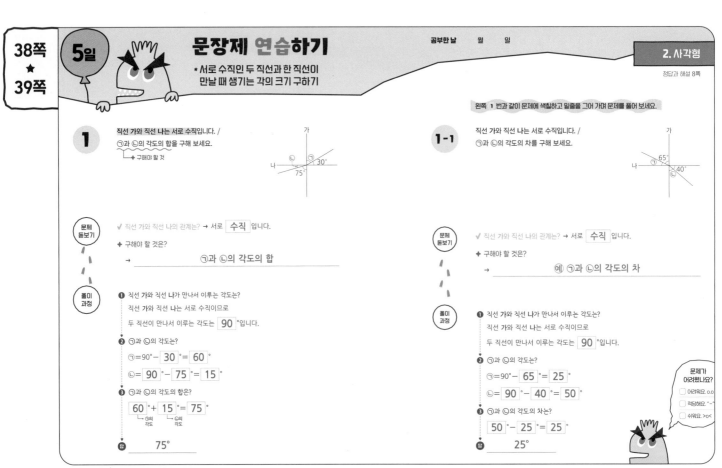

문장제 연습하기
★ 사각형의 한 변의 길이 구하기

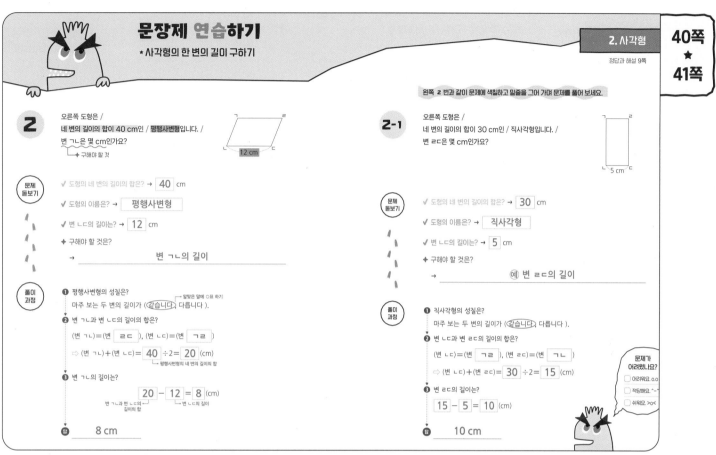

2 오른쪽 도형은 /
네 변의 길이의 합이 40 cm인 / 평행사변형입니다. /
변 ㄱㄴ은 몇 cm인가요?
└→ 구해야 할 것

12 cm

문제 돋보기

✓ 도형의 네 변의 길이의 합은? → 40 cm

✓ 도형의 이름은? 평행사변형

✓ 변 ㄴㄷ의 길이는? 12 cm

✦ 구해야 할 것은?
→ _____ 변 ㄱㄴ의 길이 _____

풀이 과정

❶ 평행사변형의 성질은?
마주 보는 두 변의 길이가 (같습니다 , 다릅니다). ← 알맞은 말에 ○표 하기

❷ 변 ㄱㄴ과 변 ㄴㄷ의 길이의 합은?
(변 ㄱㄴ)=(변 ㄹㄷ), (변 ㄴㄷ)=(변 ㄱㄹ)
⇨ (변 ㄱㄴ)+(변 ㄴㄷ)= 40 ÷2= 20 (cm)
└→ 평행사변형의 네 변의 길이의 합

❸ 변 ㄱㄴ의 길이는?
20 − 12 = 8 (cm)
↑ 변 ㄱㄴ과 변 ㄴㄷ의 ↑ 변 ㄴㄷ의 길이
   길이의 합

답 _____ 8 cm _____

왼쪽 **2** 번과 같이 문제에 색칠하고 밑줄을 그어 가며 문제를 풀어 보세요.

2-1 오른쪽 도형은 /
네 변의 길이의 합이 30 cm인 / 직사각형입니다. /
변 ㄹㄷ은 몇 cm인가요?

5 cm

문제 돋보기

✓ 도형의 네 변의 길이의 합은? → 30 cm

✓ 도형의 이름은? 직사각형

✓ 변 ㄴㄷ의 길이는? → 5 cm

✦ 구해야 할 것은?
→ _____ 예 변 ㄹㄷ의 길이 _____

풀이 과정

❶ 직사각형의 성질은?
마주 보는 두 변의 길이가 (같습니다 , 다릅니다).

❷ 변 ㄴㄷ과 변 ㄹㄷ의 길이의 합은?
(변 ㄴㄷ)=(변 ㄱㄹ), (변 ㄹㄷ)=(변 ㄱㄴ)
⇨ (변 ㄴㄷ)+(변 ㄹㄷ)= 30 ÷2= 15 (cm)

❸ 변 ㄹㄷ의 길이는?
15 − 5 = 10 (cm)

답 _____ 10 cm _____

> 문제가 어려웠나요?
> ☐ 어려워요. o.o
> ☐ 적당해요. ^-^
> ☐ 쉬워요. >o<

문장제 실력 쌓기
★ 서로 수직인 두 직선과 한 직선이 만날 때 생기는 각의 크기 구하기
★ 사각형의 한 변의 길이 구하기

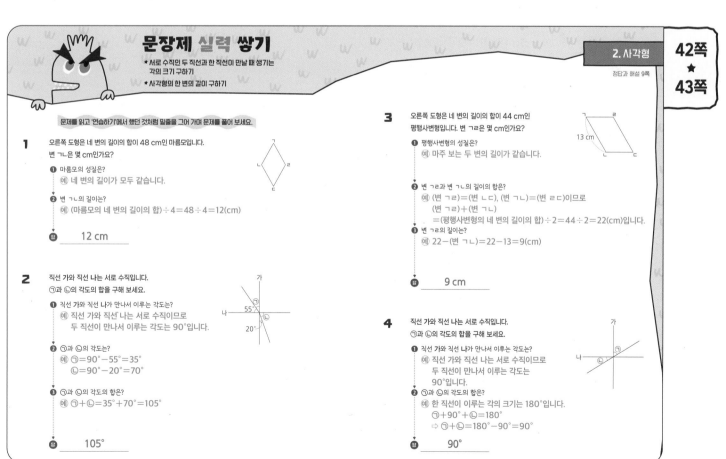

문제를 읽고 '연습하기'에서 했던 것처럼 밑줄을 그어 가며 문제를 풀어 보세요.

1 오른쪽 도형은 네 변의 길이의 합이 48 cm인 마름모입니다.
변 ㄱㄴ은 몇 cm인가요?

❶ 마름모의 성질은?
예 네 변의 길이가 모두 같습니다.

❷ 변 ㄱㄴ의 길이는?
예 (마름모의 네 변의 길이의 합)÷4=48÷4=12(cm)

답 _____ 12 cm _____

2 직선 가와 직선 나는 서로 수직입니다.
㉠과 ㉡의 각도의 합을 구해 보세요.

❶ 직선 가와 직선 나가 만나서 이루는 각도는?
예 직선 가와 직선 나는 서로 수직이므로
두 직선이 만나서 이루는 각도는 90°입니다.

❷ ㉠과 ㉡의 각도는?
예 ㉠=90°−55°=35°
㉡=90°−20°=70°

❸ ㉠과 ㉡의 각도의 합은?
예 ㉠+㉡=35°+70°=105°

답 _____ 105° _____

3 오른쪽 도형은 네 변의 길이의 합이 44 cm인
평행사변형입니다. 변 ㄱㄹ은 몇 cm인가요?

13 cm

❶ 평행사변형의 성질은?
예 마주 보는 두 변의 길이가 같습니다.

❷ 변 ㄱㄹ과 변 ㄱㄴ의 길이의 합은?
예 (변 ㄱㄹ)=(변 ㄴㄷ), (변 ㄱㄴ)=(변 ㄹㄷ)이므로
(변 ㄱㄹ)+(변 ㄱㄴ)
=(평행사변형의 네 변의 길이의 합)÷2=44÷2=22(cm)입니다.

❸ 변 ㄱㄹ의 길이는?
예 22−(변 ㄱㄴ)=22−13=9(cm)

답 _____ 9 cm _____

4 직선 가와 직선 나는 서로 수직입니다.
㉠과 ㉡의 각도의 합을 구해 보세요.

❶ 직선 가와 직선 나가 만나서 이루는 각도는?
예 직선 가와 직선 나는 서로 수직이므로
두 직선이 만나서 이루는 각도는
90°입니다.

❷ ㉠과 ㉡의 각도의 합은?
예 한 직선이 이루는 각의 크기는 180°입니다.
㉠+90°+㉡=180°
⇨ ㉠+㉡=180°−90°=90°

답 _____ 90° _____

문장제 연습하기

* 사각형에서 각의 크기 구하기

왼쪽 **1** 번과 같이 문제에 색칠하고 밑줄을 그어 가며 문제를 풀어 보세요.

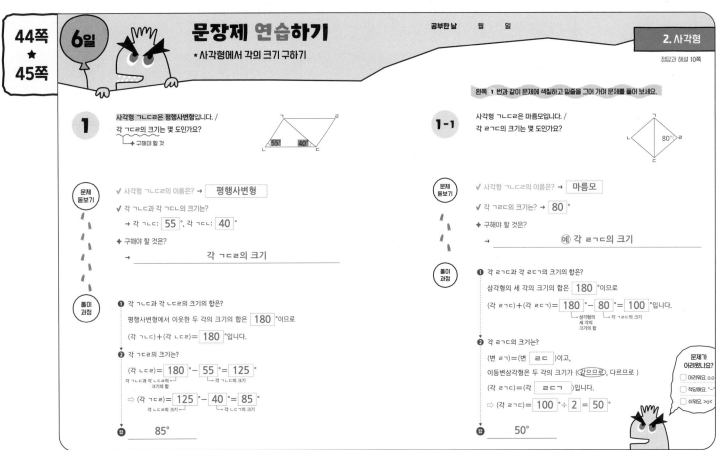

1 사각형 ㄱㄴㄷㄹ은 평행사변형입니다. /
각 ㄱㄷㄹ의 크기는 몇 도인가요?
→ 구해야 할 것

문제 돌보기

✓ 사각형 ㄱㄴㄷㄹ의 이름은? → ☐평행사변형☐

✓ 각 ㄱㄴㄷ과 각 ㄱㄷㄴ의 크기는?
→ 각 ㄱㄴㄷ: ☐55☐ °, 각 ㄱㄷㄴ: ☐40☐ °

✦ 구해야 할 것은?
→ _각 ㄱㄷㄹ의 크기_

풀이 과정

❶ 각 ㄱㄴㄷ과 각 ㄴㄷㄹ의 크기의 합은?
평행사변형에서 이웃한 두 각의 크기의 합은 ☐180☐ °이므로
(각 ㄱㄴㄷ)+(각 ㄴㄷㄹ)= ☐180☐ °입니다.

❷ 각 ㄱㄷㄹ의 크기는?
(각 ㄴㄷㄹ)= ☐180☐ °- ☐55☐ °= ☐125☐ °
각ㄱㄴㄷ과 각ㄴㄷㄹ의   각ㄱㄴㄷ의 크기
크기의 합
⇨ (각 ㄱㄷㄹ)= ☐125☐ °- ☐40☐ °= ☐85☐ °
각ㄴㄷㄹ의 크기   각ㄴㄷㄱ의 크기

답 _85°_

1-1 사각형 ㄱㄴㄷㄹ은 마름모입니다. /
각 ㄹㄱㄷ의 크기는 몇 도인가요?

문제 돌보기

✓ 사각형 ㄱㄴㄷㄹ의 이름은? → ☐마름모☐

✓ 각 ㄱㄹㄷ의 크기는? → ☐80☐ °

✦ 구해야 할 것은?
→ _㉘ 각 ㄹㄱㄷ의 크기_

풀이 과정

❶ 각 ㄹㄱㄷ과 각 ㄹㄷㄱ의 크기의 합은?
삼각형의 세 각의 크기의 합은 ☐180☐ °이므로
(각 ㄹㄱㄷ)+(각 ㄹㄷㄱ)= ☐180☐ °- ☐80☐ °= ☐100☐ °입니다.
삼각형의   각 ㄱㄹㄷ의 크기
세 각의
크기의 합

❷ 각 ㄹㄱㄷ의 크기는?
(변 ㄹㄱ)=(변 ☐ㄹㄷ☐)이고,
이등변삼각형은 두 각의 크기가 (같으므로, 다르므로)
(각 ㄹㄱㄷ)=(각 ☐ㄹㄷㄱ☐)입니다.
⇨ (각 ㄹㄱㄷ)= ☐100☐ °÷ ☐2☐ = ☐50☐ °

답 _50°_

문제가 어려웠나요?
☐ 어려워요. 0.0
☐ 적당해요. ˆ–ˆ
☐ 쉬워요. >o<

문장제 연습하기

* 크고 작은 사각형의 수 구하기

왼쪽 **2** 번과 같이 문제에 색칠하고 밑줄을 그어 가며 문제를 풀어 보세요.

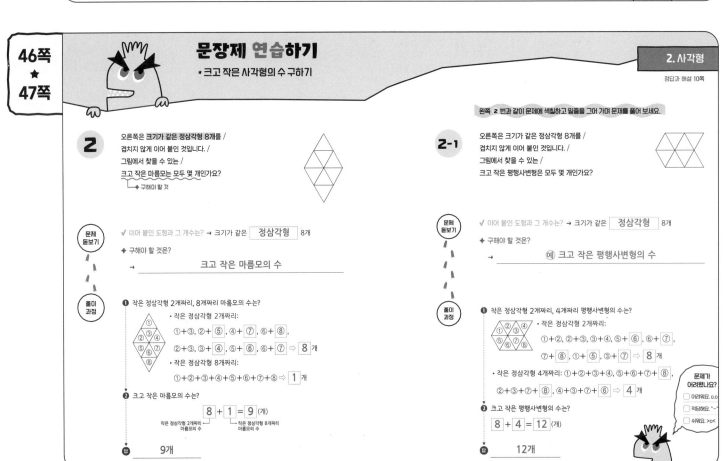

2 오른쪽은 크기가 같은 정삼각형 8개를 /
겹치지 않게 이어 붙인 것입니다. /
그림에서 찾을 수 있는 /
크고 작은 마름모는 모두 몇 개인가요?
→ 구해야 할 것

문제 돌보기

✓ 이어 붙인 도형과 그 개수는? → 크기가 같은 ☐정삼각형☐ 8개

✦ 구해야 할 것은?
→ _크고 작은 마름모의 수_

풀이 과정

❶ 작은 정삼각형 2개짜리, 8개짜리 마름모의 수는?
• 작은 정삼각형 2개짜리:
①+③, ②+⑤, ④+⑦, ⑥+⑧,
②+③, ③+④, ⑤+⑥, ⑥+⑦ ⇨ ☐8☐ 개
• 작은 정삼각형 8개짜리:
①+②+③+④+⑤+⑥+⑦+⑧ ⇨ ☐1☐ 개

❷ 크고 작은 마름모의 수는?
☐8☐ + ☐1☐ = ☐9☐ (개)
작은 정삼각형 2개짜리   작은 정삼각형 8개짜리
마름모의 수   마름모의 수

답 _9개_

2-1 오른쪽은 크기가 같은 정삼각형 8개를 /
겹치지 않게 이어 붙인 것입니다. /
그림에서 찾을 수 있는 /
크고 작은 평행사변형은 모두 몇 개인가요?

문제 돌보기

✓ 이어 붙인 도형과 그 개수는? → 크기가 같은 ☐정삼각형☐ 8개

✦ 구해야 할 것은?
→ _㉘ 크고 작은 평행사변형의 수_

풀이 과정

❶ 작은 정삼각형 2개짜리, 4개짜리 평행사변형의 수는?
• 작은 정삼각형 2개짜리:
①+②, ②+③, ③+④, ⑤+⑥, ⑥+⑦,
⑦+⑧, ①+⑤, ③+⑦ ⇨ ☐8☐ 개
• 작은 정삼각형 4개짜리: ①+②+③+④, ⑤+⑥+⑦+⑧,
②+③+⑦+⑧, ④+③+⑦+⑥ ⇨ ☐4☐ 개

❷ 크고 작은 평행사변형의 수는?
☐8☐ + ☐4☐ = ☐12☐ (개)

답 _12개_

문제가 어려웠나요?
☐ 어려워요. 0.0
☐ 적당해요. ˆ–ˆ
☐ 쉬워요. >o<

문장제 실력 쌓기

★ 사각형에서 각의 크기 구하기
★ 크고 작은 사각형의 수 구하기

정답과 해설 11쪽

문제를 읽고 '연습하기'에서 했던 것처럼 밑줄을 그어 가며 문제를 풀어 보세요.

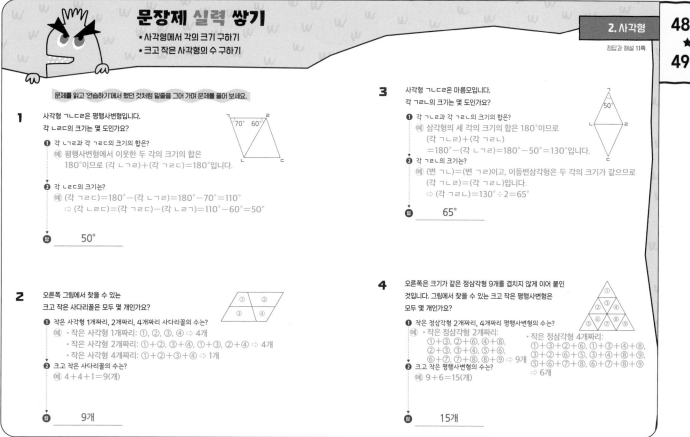

1 사각형 ㄱㄴㄷㄹ은 평행사변형입니다.
각 ㄴㄹㄷ의 크기는 몇 도인가요?

❶ 각 ㄴㄱㄹ과 각 ㄱㄹㄷ의 크기의 합은?
(예) 평행사변형에서 이웃한 두 각의 크기의 합은
180°이므로 (각 ㄴㄱㄹ)+(각 ㄱㄹㄷ)=180°입니다.

❷ 각 ㄴㄹㄷ의 크기는?
(예) (각 ㄱㄹㄷ)=180°−(각 ㄴㄱㄹ)=180°−70°=110°
⇨ (각 ㄴㄹㄷ)=(각 ㄱㄹㄷ)−(각 ㄱㄹㄴ)=110°−60°=50°

답 _____50°_____

2 오른쪽 그림에서 찾을 수 있는
크고 작은 사다리꼴은 모두 몇 개인가요?

❶ 작은 사각형 1개짜리, 2개짜리, 4개짜리 사다리꼴의 수는?
(예) ・작은 사각형 1개짜리: ①, ②, ③, ④ ⇨ 4개
・작은 사각형 2개짜리: ①+②, ③+④, ①+③, ②+④ ⇨ 4개
・작은 사각형 4개짜리: ①+②+③+④ ⇨ 1개

❷ 크고 작은 사다리꼴의 수는?
(예) 4+4+1=9(개)

답 _____9개_____

3 사각형 ㄱㄴㄷㄹ은 마름모입니다.
각 ㄱㄹㄴ의 크기는 몇 도인가요?

❶ 각 ㄱㄴㄹ과 각 ㄱㄹㄴ의 크기의 합은?
(예) 삼각형의 세 각의 크기의 합은 180°이므로
(각 ㄱㄴㄹ)+(각 ㄱㄹㄴ)
=180°−(각 ㄴㄱㄹ)=180°−50°=130°입니다.

❷ 각 ㄱㄹㄴ의 크기는?
(예) (변 ㄱㄴ)=(변 ㄱㄹ)이고, 이등변삼각형은 두 각의 크기가 같으므로
(각 ㄱㄴㄹ)=(각 ㄱㄹㄴ)입니다.
⇨ (각 ㄱㄹㄴ)=130°÷2=65°

답 _____65°_____

4 오른쪽은 크기가 같은 정삼각형 9개를 겹치지 않게 이어 붙인
것입니다. 그림에서 찾을 수 있는 크고 작은 평행사변형은
모두 몇 개인가요?

❶ 작은 정삼각형 2개짜리, 4개짜리 평행사변형의 수는?
(예) ・작은 정삼각형 2개짜리:
①+③, ②+⑥, ④+⑧,
③+⑤, ④+⑥, ⑤+⑥,
⑥+⑦, ⑦+⑧, ⑧+⑨ ⇨ 9개

・작은 정삼각형 4개짜리:
①+③+②+⑥, ①+③+④+⑧,
③+②+⑥+⑤, ③+④+⑧+⑨,
⑤+⑥+⑦+⑧, ⑥+⑦+⑧+⑨
⇨ 6개

❷ 크고 작은 평행사변형의 수는?
(예) 9+6=15(개)

답 _____15개_____

7일 # 단원 마무리

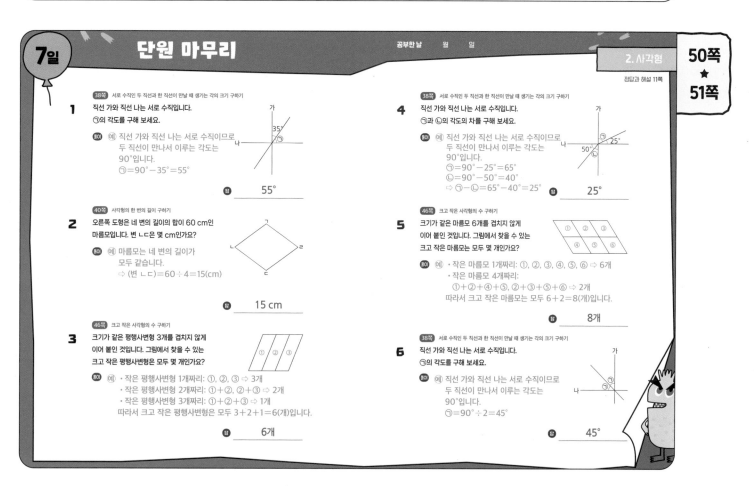

1 [38쪽] 서로 수직인 두 직선과 한 직선이 만날 때 생기는 각의 크기 구하기

직선 가와 직선 나는 서로 수직입니다.
㉠의 각도를 구해 보세요.

(풀이) (예) 직선 가와 직선 나는 서로 수직이므로
두 직선이 만나서 이루는 각도는
90°입니다.
㉠=90°−35°=55°

답 _____55°_____

2 [40쪽] 사각형의 한 변의 길이 구하기

오른쪽 도형은 네 변의 길이의 합이 60 cm인
마름모입니다. 변 ㄴㄷ은 몇 cm인가요?

(풀이) (예) 마름모는 네 변의 길이가
모두 같습니다.
⇨ (변 ㄴㄷ)=60÷4=15(cm)

답 _____15 cm_____

3 [46쪽] 크고 작은 사각형의 수 구하기

크기가 같은 평행사변형 3개를 겹치지 않게
이어 붙인 것입니다. 그림에서 찾을 수 있는
크고 작은 평행사변형은 모두 몇 개인가요?

(풀이) (예) ・작은 평행사변형 1개짜리: ①, ②, ③ ⇨ 3개
・작은 평행사변형 2개짜리: ①+②, ②+③ ⇨ 2개
・작은 평행사변형 3개짜리: ①+②+③ ⇨ 1개
따라서 크고 작은 평행사변형은 모두 3+2+1=6(개)입니다.

답 _____6개_____

4 [38쪽] 서로 수직인 두 직선과 한 직선이 만날 때 생기는 각의 크기 구하기

직선 가와 직선 나는 서로 수직입니다.
㉠과 ㉡의 각도의 차를 구해 보세요.

(풀이) (예) 직선 가와 직선 나는 서로 수직이므로
두 직선이 만나서 이루는 각도는
90°입니다.
㉠=90°−25°=65°
㉡=90°−50°=40°
⇨ ㉠−㉡=65°−40°=25°

답 _____25°_____

5 [46쪽] 크고 작은 사각형의 수 구하기

크기가 같은 마름모 6개를 겹치지 않게
이어 붙인 것입니다. 그림에서 찾을 수 있는
크고 작은 마름모는 모두 몇 개인가요?

(풀이) (예) ・작은 마름모 1개짜리: ①, ②, ③, ④, ⑤, ⑥ ⇨ 6개
・작은 마름모 4개짜리:
①+②+④+⑤, ②+③+⑤+⑥ ⇨ 2개
따라서 크고 작은 마름모는 모두 6+2=8(개)입니다.

답 _____8개_____

6 [38쪽] 서로 수직인 두 직선과 한 직선이 만날 때 생기는 각의 크기 구하기

직선 가와 직선 나는 서로 수직입니다.
㉠의 각도를 구해 보세요.

(풀이) (예) 직선 가와 직선 나는 서로 수직이므로
두 직선이 만나서 이루는 각도는
90°입니다.
㉠=90°÷2=45°

답 _____45°_____

40쪽 사각형의 한 변의 길이 구하기

7 네 변의 길이의 합이 26 cm인 평행사변형입니다.
변 ㄱㄴ은 몇 cm인가요?

8 cm

풀이 **예** 평행사변형은 마주 보는 두 변의 길이가 같습니다.
(변 ㄱㄴ)=(변 ㄹㄷ), (변 ㄴㄷ)=(변 ㄱㄹ)이므로
(변 ㄱㄴ)+(변 ㄴㄷ)=26÷2=13(cm)입니다.
⇨ (변 ㄱㄴ)=13-8=5(cm)

답   5 cm

44쪽 사각형에서 각의 크기 구하기

8 사각형 ㄱㄴㄷㄹ은 평행사변형입니다.
각 ㄱㄷㄴ의 크기는 몇 도인가요?

35°
115°

풀이 **예** 평행사변형에서 이웃한 두 각의
크기의 합은 180°이므로
(각 ㄱㄴㄷ)+(각 ㄴㄷㄹ)=180°입니다.
(각 ㄴㄷㄹ)=180°-115°=65°
⇨ (각 ㄱㄷㄴ)=65°-35°=30°

답   30°

46쪽 크고 작은 사각형의 수 구하기

9 크기가 같은 정삼각형 10개를 겹치지 않게 이어 붙인 것입니다.
그림에서 찾을 수 있는 크고 작은 평행사변형은 모두 몇 개인가요?

① ② ③
④ ⑤ ⑥ ⑦ ⑧ ⑨ ⑩

풀이 **예** • 작은 정삼각형 2개짜리:
①+⑤, ②+⑦, ③+⑨, ④+⑤, ⑤+⑥, ⑥+⑦, ⑦+⑧,
⑧+⑨, ⑨+⑩ ⇨ 9개
• 작은 정삼각형 4개짜리:
④+⑤+⑥+⑦, ⑤+⑥+⑦+⑧, ⑥+⑦+⑧+⑨,
⑦+⑧+⑨+⑩ ⇨ 4개
• 작은 정삼각형 6개짜리:
④+⑤+⑥+⑦+⑧+⑨, ⑤+⑥+⑦+⑧+⑨+⑩ ⇨ 2개
따라서 크고 작은 평행사변형은 모두 9+4+2=15(개)입니다.

답   15개

도전! **10** **44쪽** 사각형에서 각의 크기 구하기

사각형 ㄱㄴㄷㄹ은 마름모입니다.
각 ㄹㄷㄱ의 크기는 몇 도인가요?

120°

내가 지다니…

❶ 각 ㄱㄹㄷ의 크기는?
예 마름모는 마주 보는 각의 크기가
같으므로
(각 ㄱㄹㄷ)=(각 ㄱㄴㄷ)=120°입니다.
❷ 각 ㄹㄱㄷ과 각 ㄹㄷㄱ의 크기의 합은?
예 삼각형의 세 각의 크기의 합은 180°이므로
(각 ㄹㄱㄷ)+(각 ㄹㄷㄱ)
=180°-(각 ㄱㄹㄷ)=180°-120°=60°입니다.
❸ 각 ㄹㄷㄱ의 크기는?
예 (변 ㄹㄱ)=(변 ㄹㄷ)이고, 이등변삼각형은 두 각의 크기가
같으므로 (각 ㄹㄱㄷ)=(각 ㄹㄷㄱ)입니다.
⇨ (각 ㄹㄷㄱ)=60°÷2=30°

답   30°

3. 소수의 덧셈과 뺄셈

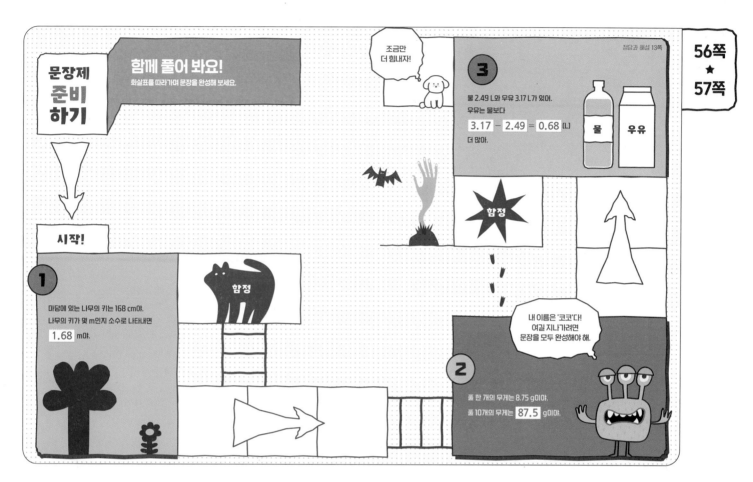

조금만 더 힘내자!

정답과 해설 13쪽

3

물 2.49 L와 우유 3.17 L가 있어.
우유는 물보다

$3.17 - 2.49 = 0.68$ (L)

더 많아.

물 우유

함정

문장제 준비 하기

함께 풀어 봐요!
화살표를 따라가며 문장을 완성해 보세요.

시작!

1

마당에 있는 나무의 키는 168 cm야.
나무의 키가 몇 m인지 소수로 나타내면
1.68 m야.

함정

내 이름은 '코코'다!
여길 지나가려면
문장을 모두 완성해야 해.

2

공 한 개의 무게는 8.75 g이야.
공 10개의 무게는 87.5 g이야.

8일

문장제 연습하기

*조건을 만족하는 소수 구하기

공부한 날   월   일

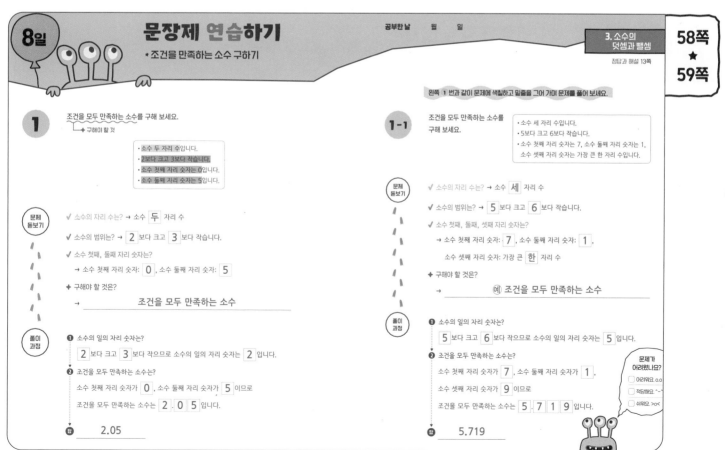

1

조건을 모두 만족하는 소수를 구해 보세요.
└→ 구해야 할 것

- 소수 두 자리 수입니다.
- 2보다 크고 3보다 작습니다.
- 소수 첫째 자리 숫자는 0입니다.
- 소수 둘째 자리 숫자는 5입니다.

문제 돋보기

✓ 소수의 자리 수는? → 소수 두 자리 수

✓ 소수의 범위는? → 2 보다 크고 3 보다 작습니다.

✓ 소수 첫째, 둘째 자리 숫자는?
→ 소수 첫째 자리 숫자: 0 , 소수 둘째 자리 숫자: 5

✦ 구해야 할 것은?
→   조건을 모두 만족하는 소수

풀이 과정

❶ 소수의 일의 자리 숫자는?
2 보다 크고 3 보다 작으므로 소수의 일의 자리 숫자는 2 입니다.

❷ 조건을 모두 만족하는 소수는?
소수 첫째 자리 숫자가 0 , 소수 둘째 자리 숫자가 5 이므로
조건을 모두 만족하는 소수는 2 . 0 5 입니다.

답   2.05

왼쪽 **1** 번과 같이 문제에 색칠하고 밑줄을 그어 가며 문제를 풀어 보세요.

1-1

조건을 모두 만족하는 소수를
구해 보세요.

- 소수 세 자리 수입니다.
- 5보다 크고 6보다 작습니다.
- 소수 첫째 자리 숫자는 7, 소수 둘째 자리 숫자는 1, 소수 셋째 자리 숫자는 가장 큰 한 자리 수입니다.

문제 돋보기

✓ 소수의 자리 수는? → 소수 세 자리 수

✓ 소수의 범위는? → 5 보다 크고 6 보다 작습니다.

✓ 소수 첫째, 둘째, 셋째 자리 숫자는?
→ 소수 첫째 자리 숫자: 7 , 소수 둘째 자리 숫자: 1 ,
소수 셋째 자리 숫자: 가장 큰 한 자리 수

✦ 구해야 할 것은?
→   예 조건을 모두 만족하는 소수

풀이 과정

❶ 소수의 일의 자리 숫자는?
5 보다 크고 6 보다 작으므로 소수의 일의 자리 숫자는 5 입니다.

❷ 조건을 모두 만족하는 소수는?
소수 첫째 자리 숫자가 7 , 소수 둘째 자리 숫자가 1 ,
소수 셋째 자리 숫자가 9 이므로
조건을 모두 만족하는 소수는 5 . 7 1 9 입니다.

문제가 어려웠나요?
☐ 어려워요 0.0
☐ 적당해요 ^-^
☐ 쉬워요 >.<

답   5.719

문장제 연습하기

★ □ 안에 들어갈 수 있는 수 구하기

정답과 해설 14쪽

왼쪽 **2** 번과 같이 문제에 색칠하고 밑줄을 그어 가며 문제를 풀어 보세요.

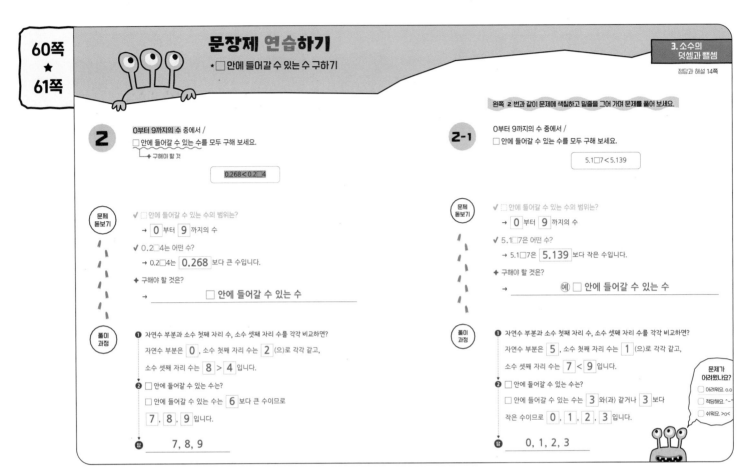

2 0부터 9까지의 수 중에서 /
□ 안에 들어갈 수 있는 수를 모두 구해 보세요.
└→ 구해야 할 것

0.268 < 0.2□4

문제 돌보기

✓ □ 안에 들어갈 수 있는 수의 범위는?
→ **0** 부터 **9** 까지의 수

✓ 0.2□4는 어떤 수?
→ 0.2□4는 **0.268** 보다 큰 수입니다.

✦ 구해야 할 것은?
→ □ 안에 들어갈 수 있는 수

풀이 과정

❶ 자연수 부분과 소수 첫째 자리 수, 소수 셋째 자리 수를 각각 비교하면?
자연수 부분은 **0** , 소수 첫째 자리 수는 **2** (으)로 각각 같고,
소수 셋째 자리 수는 **8** > **4** 입니다.

❷ □ 안에 들어갈 수 있는 수는?
□ 안에 들어갈 수 있는 수는 **6** 보다 큰 수이므로
7 , **8** , **9** 입니다.

답 **7, 8, 9**

2-1 0부터 9까지의 수 중에서 /
□ 안에 들어갈 수 있는 수를 모두 구해 보세요.

5.1□7 < 5.139

문제 돌보기

✓ □ 안에 들어갈 수 있는 수의 범위는?
→ **0** 부터 **9** 까지의 수

✓ 5.1□7은 어떤 수?
→ 5.1□7은 **5.139** 보다 작은 수입니다.

✦ 구해야 할 것은?
→ 예 □ 안에 들어갈 수 있는 수

풀이 과정

❶ 자연수 부분과 소수 첫째 자리 수, 소수 셋째 자리 수를 각각 비교하면?
자연수 부분은 **5** , 소수 첫째 자리 수는 **1** (으)로 각각 같고,
소수 셋째 자리 수는 **7** < **9** 입니다.

❷ □ 안에 들어갈 수 있는 수는?
□ 안에 들어갈 수 있는 수는 **3** 와(과) 같거나 **3** 보다
작은 수이므로 **0** , **1** , **2** , **3** 입니다.

답 **0, 1, 2, 3**

> 문제가 어려웠나요?
> ☐ 어려워요. o.o
> ☐ 적당해요. ^-^
> ☐ 쉬워요. >o<

문장제 실력 쌓기

★ 조건을 만족하는 소수 구하기
★ □ 안에 들어갈 수 있는 수 구하기

정답과 해설 14쪽

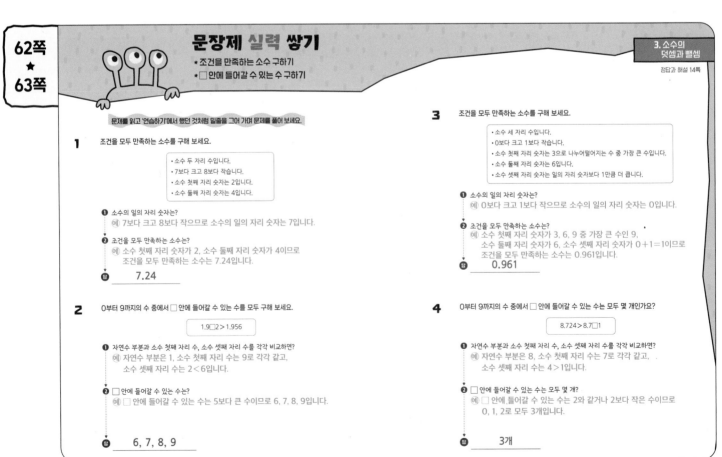

문제를 읽고 '연습하기'에서 했던 것처럼 밑줄을 그어 가며 문제를 풀어 보세요.

1 조건을 모두 만족하는 소수를 구해 보세요.

• 소수 두 자리 수입니다.
• 7보다 크고 8보다 작습니다.
• 소수 첫째 자리 숫자는 2입니다.
• 소수 둘째 자리 숫자는 4입니다.

❶ 소수의 일의 자리 숫자는?
예 7보다 크고 8보다 작으므로 소수의 일의 자리 숫자는 7입니다.

❷ 조건을 모두 만족하는 소수는?
예 소수 첫째 자리 숫자가 2, 소수 둘째 자리 숫자가 4이므로
조건을 모두 만족하는 소수는 7.24입니다.

답 **7.24**

2 0부터 9까지의 수 중에서 □ 안에 들어갈 수 있는 수를 모두 구해 보세요.

1.9□2 > 1.956

❶ 자연수 부분과 소수 첫째 자리 수, 소수 셋째 자리 수를 각각 비교하면?
예 자연수 부분은 1, 소수 첫째 자리 수는 9로 각각 같고,
소수 셋째 자리 수는 2 < 6입니다.

❷ □ 안에 들어갈 수 있는 수는?
예 □ 안에 들어갈 수 있는 수는 5보다 큰 수이므로 6, 7, 8, 9입니다.

답 **6, 7, 8, 9**

3 조건을 모두 만족하는 소수를 구해 보세요.

• 소수 세 자리 수입니다.
• 0보다 크고 1보다 작습니다.
• 소수 첫째 자리 숫자는 3으로 나누어떨어지는 수 중 가장 큰 수입니다.
• 소수 둘째 자리 숫자는 6입니다.
• 소수 셋째 자리 숫자는 일의 자리 숫자보다 1만큼 더 큽니다.

❶ 소수의 일의 자리 숫자는?
예 0보다 크고 1보다 작으므로 소수의 일의 자리 숫자는 0입니다.

❷ 조건을 모두 만족하는 소수는?
예 소수 첫째 자리 숫자가 3, 6, 9 중 가장 큰 수인 9,
소수 둘째 자리 숫자가 6, 소수 셋째 자리 숫자가 0 + 1 = 1이므로
조건을 모두 만족하는 소수는 0.961입니다.

답 **0.961**

4 0부터 9까지의 수 중에서 □ 안에 들어갈 수 있는 수는 모두 몇 개인가요?

8.724 > 8.7□1

❶ 자연수 부분과 소수 첫째 자리 수, 소수 셋째 자리 수를 각각 비교하면?
예 자연수 부분은 8, 소수 첫째 자리 수는 7로 각각 같고,
소수 셋째 자리 수는 4 > 1입니다.

❷ □ 안에 들어갈 수 있는 수는 모두 몇 개?
예 □ 안에 들어갈 수 있는 수는 2와 같거나 2보다 작은 수이므로
0, 1, 2로 모두 3개입니다.

답 **3개**

9일 **문장제 연습하기**
*소수의 덧셈과 뺄셈

공부한날   월   일

3. 소수의
덧셈과 뺄셈
정답과 해설 15쪽

64쪽
★
65쪽

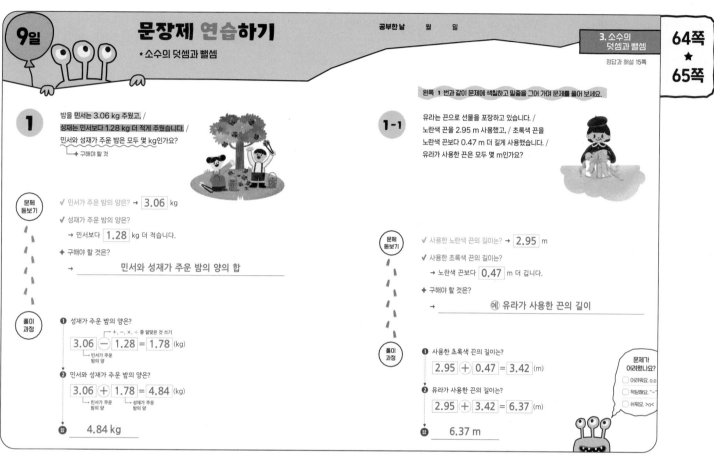

1
밤을 민서는 3.06 kg 주웠고, /
성재는 민서보다 1.28 kg 더 적게 주웠습니다. /
민서와 성재가 주운 밤은 모두 몇 kg인가요?
└→ 구해야 할 것

문제 돌보기

✓ 민서가 주운 밤의 양은? → 3.06 kg

✓ 성재가 주운 밤의 양은?

  → 민서보다 1.28 kg 더 적습니다.

✦ 구해야 할 것은?

  → ___민서와 성재가 주운 밤의 양의 합___

풀이 과정

❶ 성재가 주운 밤의 양은?
┌─ +, −, ×, ÷ 중 알맞은 것 쓰기
3.06 ⊖ 1.28 = 1.78 (kg)
└ 민서가 주운
   밤의 양

❷ 민서와 성재가 주운 밤의 양은?
3.06 ⊕ 1.78 = 4.84 (kg)
└ 민서가 주운   └ 성재가 주운
   밤의 양   밤의 양

답   4.84 kg

왼쪽 **1** 번과 같이 문제에 색칠하고 밑줄을 그어 가며 문제를 풀어 보세요.

1-1
유라는 끈으로 선물을 포장하고 있습니다. /
노란색 끈을 2.95 m 사용했고, / 초록색 끈을
노란색 끈보다 0.47 m 더 길게 사용했습니다. /
유라가 사용한 끈은 모두 몇 m인가요?

문제 돌보기

✓ 사용한 노란색 끈의 길이는? → 2.95 m

✓ 사용한 초록색 끈의 길이는?

  → 노란색 끈보다 0.47 m 더 깁니다.

✦ 구해야 할 것은?
  ___⑩ 유라가 사용한 끈의 길이___

풀이 과정

❶ 사용한 초록색 끈의 길이는?
2.95 ⊕ 0.47 = 3.42 (m)

❷ 유라가 사용한 끈의 길이는?
2.95 ⊕ 3.42 = 6.37 (m)

답   6.37 m

문제가
어려웠나요?
☐ 어려워요. 0.0
☐ 적당해요. "-"
☐ 쉬워요. >0<

문장제 연습하기
*바르게 계산한 값 구하기

3. 소수의
덧셈과 뺄셈
정답과 해설 15쪽

66쪽
★
67쪽

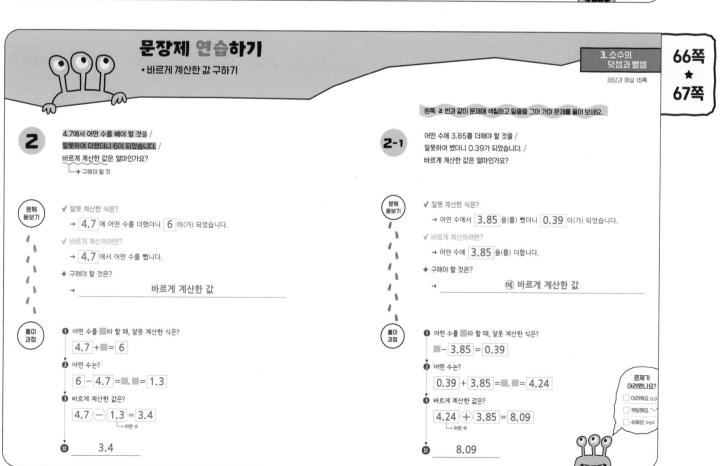

2
4.7에서 어떤 수를 빼야 할 것을 /
잘못하여 더했더니 6이 되었습니다. /
바르게 계산한 값은 얼마인가요?
└→ 구해야 할 것

문제 돌보기

✓ 잘못 계산한 식은?

  → 4.7 에 어떤 수를 더했더니 6 이(가) 되었습니다.

✓ 바르게 계산하려면?

  → 4.7 에서 어떤 수를 뺍니다.

✦ 구해야 할 것은?
  ___바르게 계산한 값___

풀이 과정

❶ 어떤 수를 ■라 할 때, 잘못 계산한 식은?
4.7 + ■ = 6

❷ 어떤 수는?
6 − 4.7 = ■, ■ = 1.3

❸ 바르게 계산한 값은?
4.7 ⊖ 1.3 = 3.4
    └ 어떤 수

답   3.4

왼쪽 **2** 번과 같이 문제에 색칠하고 밑줄을 그어 가며 문제를 풀어 보세요.

2-1
어떤 수에 3.85를 더해야 할 것을 /
잘못하여 뺐더니 0.39가 되었습니다. /
바르게 계산한 값은 얼마인가요?

문제 돌보기

✓ 잘못 계산한 식은?

  → 어떤 수에서 3.85 을(를) 뺐더니 0.39 이(가) 되었습니다.

✓ 바르게 계산하려면?

  → 어떤 수에 3.85 을(를) 더합니다.

✦ 구해야 할 것은?
  ___⑩ 바르게 계산한 값___

풀이 과정

❶ 어떤 수를 ■라 할 때, 잘못 계산한 식은?
■ − 3.85 = 0.39

❷ 어떤 수는?
0.39 + 3.85 = ■, ■ = 4.24

❸ 바르게 계산한 값은?
4.24 ⊕ 3.85 = 8.09
    └ 어떤 수

답   8.09

문제가
어려웠나요?
☐ 어려워요. 0.0
☐ 적당해요. "-"
☐ 쉬워요. >0<

문장제 실력 쌓기

★소수의 덧셈과 뺄셈
★바르게 계산한 값 구하기

문제를 읽고 '연습하기'에서 했던 것처럼 밑줄을 그어 가며 문제를 풀어 보세요.

1 우유가 2.03 L 있고, 주스가 우유보다 0.15 L 더 적게 있습니다.
우유와 주스는 모두 몇 L인가요?

❶ 주스의 양은?
예 (우유의 양)−0.15
=2.03−0.15=1.88(L)

❷ 우유와 주스의 양의 합은?
예 (우유의 양)+(주스의 양)
=2.03+1.88=3.91(L)

탑 ___3.91 L___

2 어떤 수에서 0.77을 빼야 할 것을 잘못하여 더했더니 2.35가 되었습니다.
바르게 계산한 값은 얼마인가요?

❶ 어떤 수를 ■라 할 때, 잘못 계산한 식은?
예 ■+0.77=2.35

❷ 어떤 수는?
예 2.35−0.77=■, ■=1.58

❸ 바르게 계산한 값은?
예 1.58−0.77=0.81

탑 ___0.81___

3 5.62에 어떤 수를 더해야 할 것을 잘못하여 뺐더니 1.43이 되었습니다.
바르게 계산한 값은 얼마인가요?

❶ 어떤 수를 ■라 할 때, 잘못 계산한 식은?
예 5.62−■=1.43

❷ 어떤 수는?
예 5.62−1.43=■, ■=4.19

❸ 바르게 계산한 값은?
예 5.62+4.19=9.81

탑 ___9.81___

4 밀가루가 4 kg 있었습니다. 밀가루를 수제비를 만드는 데 0.59 kg 사용했고,
빵을 만드는 데 수제비보다 1.22 kg 더 많이 사용했습니다.
수제비와 빵을 만드는 데 사용하고 남은 밀가루는 몇 kg인가요?

❶ 빵을 만드는 데 사용한 밀가루의 양은?
예 (수제비를 만드는 데 사용한 밀가루의 양)+1.22
=0.59+1.22=1.81(kg)

❷ 사용하고 남은 밀가루의 양은?
예 수제비와 빵을 만드는 데 사용한 밀가루가
0.59+1.81=2.4(kg)이므로
사용하고 남은 밀가루는 4−2.4=1.6(kg)입니다.

탑 ___1.6 kg___

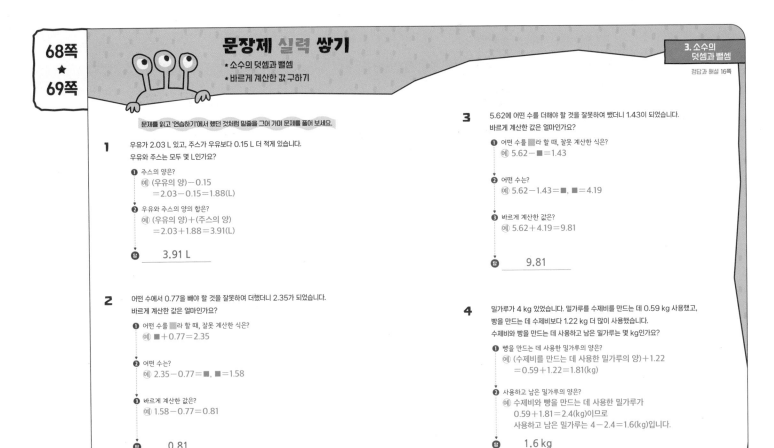

70쪽
★
71쪽

10일

공부한 날   월   일

3. 소수의
덧셈과 뺄셈

정답과 해설 16쪽

문장제 연습하기

★카드로 만든 소수의 합(차) 구하기

1 4장의 카드 ., 1, 5, 7 을 한 번씩 모두 사용하여 /
소수 두 자리 수를 만들려고 합니다. /
만들 수 있는 가장 큰 수와 가장 작은 수의 합을 / 구해 보세요.
└─→ 구해야 할 것

문제
돌보기
✓ 만들려고 하는 수는? → 소수 두 자리 수

✦ 구해야 할 것은?
→ ___만들 수 있는 가장 큰 수와 가장 작은 수의 합___

✓ 가장 큰 수와 가장 작은 수를 만들려면? 알맞은 말에 ○표 하기
→ 가장 큰 수는 앞에서부터 (큰), 작은) 수를 차례로 놓고,
가장 작은 수는 앞에서부터 (큰 ,작은) 수를 차례로 놓습니다.

풀이
과정
❶ 만들 수 있는 가장 큰 수와 가장 작은 수를 각각 구하면?
수 카드의 수의 크기를 비교하면 7 > 5 > 1 이므로
만들 수 있는 가장 큰 소수 두 자리 수는 7 . 5 1 이고,
가장 작은 소수 두 자리 수는 1 . 5 7 입니다.

❷ 위 ❶에서 만든 두 수의 합은?
7.51 + 1.57 = 9.08
└─→ 가장 큰   └─→ 가장 작은
소수 두 자리 수   소수 두 자리 수

탑 ___9.08___

왼쪽 1번과 같이 문제에 색칠하고 밑줄을 그어 가며 문제를 풀어 보세요.

1-1 4장의 카드 ., 2, 3, 4 를 한 번씩 모두 사용하여 /
소수 두 자리 수를 만들려고 합니다. /
만들 수 있는 가장 큰 수와 가장 작은 수의 차를 / 구해 보세요.

문제
돌보기
✓ 만들려고 하는 수는? → 소수 두 자리 수

✦ 구해야 할 것은?
→ 예 만들 수 있는 가장 큰 수와 가장 작은 수의 차

✓ 가장 큰 수와 가장 작은 수를 만들려면?
→ 가장 큰 수는 앞에서부터 (큰), 작은) 수를 차례로 놓고,
가장 작은 수는 앞에서부터 (큰 ,작은) 수를 차례로 놓습니다.

풀이
과정
❶ 만들 수 있는 가장 큰 수와 가장 작은 수를 각각 구하면?
수 카드의 수의 크기를 비교하면 4 > 3 > 2 이므로
만들 수 있는 가장 큰 소수 두 자리 수는 4 . 3 2 이고,
가장 작은 소수 두 자리 수는 2 . 3 4 입니다.

❷ 위 ❶에서 만든 두 수의 차는?
4.32 − 2.34 = 1.98

탑 ___1.98___

문제가
어려웠나요?
☐ 어려워요. o.o
☐ 적당해요. ˘−˘
☐ 쉬워요. >o<

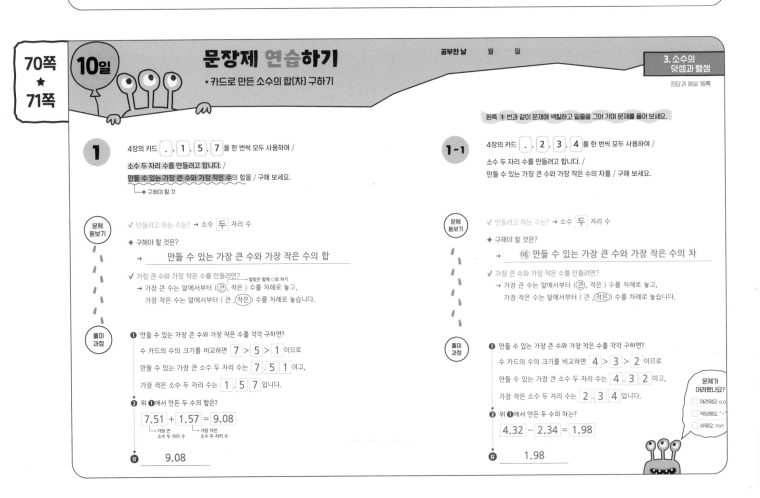

문장제 연습하기

*이어 붙인 색 테이프의
전체 길이 구하기

왼쪽 2 번과 같이 문제에 색칠하고 밑줄을 그어 가며 문제를 풀어 보세요.

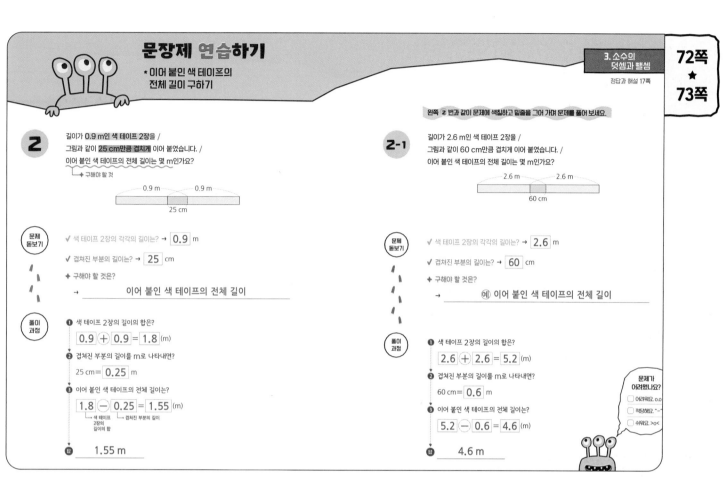

2 길이가 0.9 m인 색 테이프 2장을 / 그림과 같이 **25 cm**만큼 겹치게 이어 붙였습니다. / 이어 붙인 색 테이프의 전체 길이는 몇 m인가요?

→ 구해야 할 것

0.9 m   0.9 m
25 cm

문제 돋보기

✓ 색 테이프 2장의 각각의 길이는? → 0.9 m

✓ 겹쳐진 부분의 길이는? → 25 cm

✦ 구해야 할 것은?
→ 이어 붙인 색 테이프의 전체 길이

풀이 과정

❶ 색 테이프 2장의 길이의 합은?
0.9 + 0.9 = 1.8 (m)

❷ 겹쳐진 부분의 길이를 m로 나타내면?
25 cm = 0.25 m

❸ 이어 붙인 색 테이프의 전체 길이는?
1.8 − 0.25 = 1.55 (m)
└ 색 테이프 2장의 길이의 합   └ 겹쳐진 부분의 길이

답 1.55 m

2-1 길이가 2.6 m인 색 테이프 2장을 / 그림과 같이 60 cm만큼 겹치게 이어 붙였습니다. / 이어 붙인 색 테이프의 전체 길이는 몇 m인가요?

2.6 m   2.6 m
60 cm

문제 돋보기

✓ 색 테이프 2장의 각각의 길이는? → 2.6 m

✓ 겹쳐진 부분의 길이는? → 60 cm

✦ 구해야 할 것은?
→ 예 이어 붙인 색 테이프의 전체 길이

풀이 과정

❶ 색 테이프 2장의 길이의 합은?
2.6 + 2.6 = 5.2 (m)

❷ 겹쳐진 부분의 길이를 m로 나타내면?
60 cm = 0.6 m

❸ 이어 붙인 색 테이프의 전체 길이는?
5.2 − 0.6 = 4.6 (m)

답 4.6 m

문제가
어려웠나요?
◯ 어려워요. o.o
◯ 적당해요. ^-^
◯ 쉬워요. >o<

문장제 실력 쌓기

*카드로 만든 소수의 합(차) 구하기
*이어 붙인 색 테이프의 전체 길이 구하기

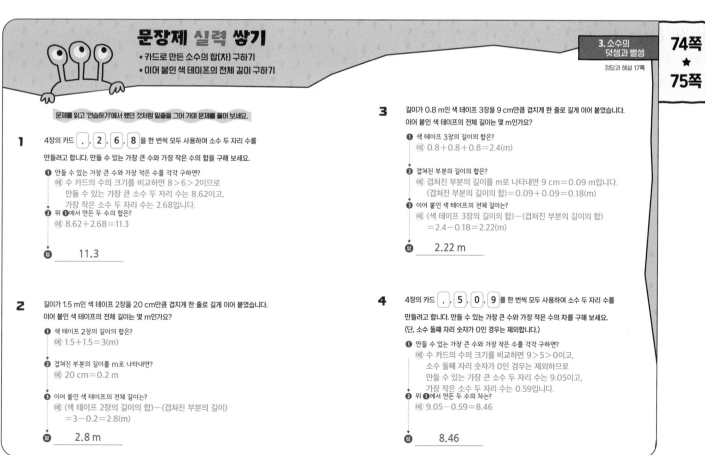

문제를 읽고 '연습하기'에서 했던 것처럼 밑줄을 그어 가며 문제를 풀어 보세요.

1 4장의 카드 . 2 6 8 을 한 번씩 모두 사용하여 소수 두 자리 수를 만들려고 합니다. 만들 수 있는 가장 큰 수와 가장 작은 수의 합을 구해 보세요.

❶ 만들 수 있는 가장 큰 수와 가장 작은 수를 각각 구하면?
예 수 카드의 수의 크기를 비교하면 8 > 6 > 2이므로 만들 수 있는 가장 큰 소수 두 자리 수는 8.62이고, 가장 작은 소수 두 자리 수는 2.68입니다.

❷ 위 ❶에서 만든 두 수의 합은?
예 8.62 + 2.68 = 11.3

답 11.3

2 길이가 1.5 m인 색 테이프 2장을 20 cm만큼 겹치게 한 줄로 길게 이어 붙였습니다. 이어 붙인 색 테이프의 전체 길이는 몇 m인가요?

❶ 색 테이프 2장의 길이의 합은?
예 1.5 + 1.5 = 3 (m)

❷ 겹쳐진 부분의 길이를 m로 나타내면?
예 20 cm = 0.2 m

❸ 이어 붙인 색 테이프의 전체 길이는?
예 (색 테이프 2장의 길이의 합) − (겹쳐진 부분의 길이)
= 3 − 0.2 = 2.8 (m)

답 2.8 m

3 길이가 0.8 m인 색 테이프 3장을 9 cm만큼 겹치게 한 줄로 길게 이어 붙였습니다. 이어 붙인 색 테이프의 전체 길이는 몇 m인가요?

❶ 색 테이프 3장의 길이의 합은?
예 0.8 + 0.8 + 0.8 = 2.4 (m)

❷ 겹쳐진 부분의 길이의 합은?
예 겹쳐진 부분의 길이를 m로 나타내면 9 cm = 0.09 m입니다.
(겹쳐진 부분의 길이의 합) = 0.09 + 0.09 = 0.18 (m)

❸ 이어 붙인 색 테이프의 전체 길이는?
예 (색 테이프 3장의 길이의 합) − (겹쳐진 부분의 길이의 합)
= 2.4 − 0.18 = 2.22 (m)

답 2.22 m

4 4장의 카드 . 5 0 9 를 한 번씩 모두 사용하여 소수 두 자리 수를 만들려고 합니다. 만들 수 있는 가장 큰 수와 가장 작은 수의 차를 구해 보세요.
(단, 소수 둘째 자리 숫자가 0인 경우는 제외합니다.)

❶ 만들 수 있는 가장 큰 수와 가장 작은 수를 각각 구하면?
예 수 카드의 수의 크기를 비교하면 9 > 5 > 0이고, 소수 둘째 자리 숫자가 0인 경우는 제외하므로 만들 수 있는 가장 큰 소수 두 자리 수는 9.05이고, 가장 작은 소수 두 자리 수는 0.59입니다.

❷ 위 ❶에서 만든 두 수의 차는?
예 9.05 − 0.59 = 8.46

답 8.46

단원 마무리

정답과 해설 18쪽

58쪽 조건을 만족하는 소수 구하기

1 조건을 모두 만족하는 소수 두 자리 수를 구해 보세요.

> • 1보다 크고 2보다 작습니다.
> • 소수 첫째 자리 숫자는 9, 소수 둘째 자리 숫자는 5입니다.

풀이 예 1보다 크고 2보다 작으므로 소수의 일의 자리 숫자는
1입니다.
소수 첫째 자리 숫자가 9, 소수 둘째 자리 숫자가 5이므로
조건을 모두 만족하는 소수는 1.95입니다.

답   1.95

64쪽 소수의 덧셈과 뺄셈

2 철사가 1 m 있었습니다. 그중에서 동훈이가 0.37 m를 사용했고, 세린이가
0.25 m를 사용했습니다. 두 사람이 사용하고 남은 철사는 몇 m인가요?

풀이 예 (동훈이가 사용하고 남은 철사의 길이)
$=1-0.37=0.63$(m)
⇨ (두 사람이 사용하고 남은 철사의 길이)
$=0.63-0.25=0.38$(m)

답   0.38 m

60쪽 □ 안에 들어갈 수 있는 수 구하기

3 0부터 9까지의 수 중에서 □ 안에 들어갈 수 있는 수를 모두 구해 보세요.

> $0.234 > 0.2\square 8$

풀이 예 자연수 부분은 0, 소수 첫째 자리 수는 2로 각각 같고,
소수 셋째 자리 수는 $4 < 8$입니다.
따라서 □ 안에 들어갈 수 있는 수는 3보다 작은 수이므로
0, 1, 2입니다.

답   0, 1, 2

64쪽 소수의 덧셈과 뺄셈

4 고구마 상자의 무게는 4.72 kg이고, 감자 상자는 고구마 상자보다 2.56 kg
더 무겁습니다. 고구마 상자와 감자 상자의 무게의 합은 몇 kg인가요?

풀이 예 (감자 상자의 무게)$=4.72+2.56=7.28$(kg)
⇨ (고구마 상자와 감자 상자의 무게의 합)
$=4.72+7.28=12$(kg)

답   12 kg

66쪽 바르게 계산한 값 구하기

5 어떤 수에 2.8을 더해야 할 것을 잘못하여 뺐더니 1.8이 되었습니다.
바르게 계산한 값은 얼마인가요?

풀이 예 어떤 수를 ■라 할 때, 잘못 계산한 식은 $■-2.8=1.8$입니다.
⇨ $1.8+2.8=■$, $■=4.6$
따라서 바르게 계산한 값은 $4.6+2.8=7.4$입니다.

답   7.4

60쪽 □ 안에 들어갈 수 있는 수 구하기

6 0부터 9까지의 수 중에서 □ 안에 들어갈 수 있는 수는 모두 몇 개인가요?

> $9.0\square 6 > 9.051$

풀이 예 자연수 부분은 9, 소수 첫째 자리 수는 0으로 각각 같고,
소수 셋째 자리 수는 $6 > 1$입니다.
따라서 □ 안에 들어갈 수 있는 수는 5와 같거나 5보다 큰
수이므로 5, 6, 7, 8, 9로 모두 5개입니다.

답   5개

단원 마무리

정답과 해설 18쪽

66쪽 바르게 계산한 값 구하기

7 6.46에서 어떤 수를 빼야 할 것을 잘못하여 더했더니 9.25가 되었습니다.
바르게 계산한 값은 얼마인가요?

풀이 예 어떤 수를 ■라 할 때, 잘못 계산한 식은
$6.46+■=9.25$입니다.
⇨ $9.25-6.46=■$, $■=2.79$
따라서 바르게 계산한 값은 $6.46-2.79=3.67$입니다.

답   3.67

72쪽 이어 붙인 색 테이프의 전체 길이 구하기

8 길이가 1.7 m인 색 테이프 2장을 그림과 같이 50 cm만큼 겹치게 이어
붙였습니다. 이어 붙인 색 테이프의 전체 길이는 몇 m인가요?

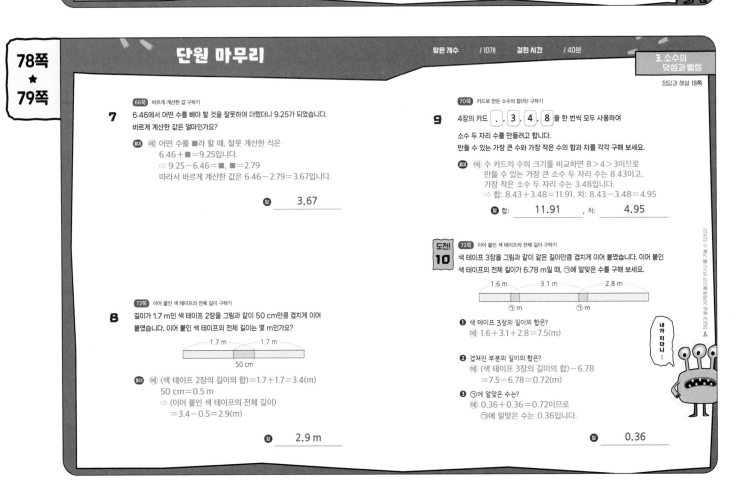

풀이 예 (색 테이프 2장의 길이의 합)$=1.7+1.7=3.4$(m)
50 cm$=0.5$ m
⇨ (이어 붙인 색 테이프의 전체 길이)
$=3.4-0.5=2.9$(m)

답   2.9 m

70쪽 카드로 만든 소수의 합(차) 구하기

9 4장의 카드 `.` `3` `4` `8` 을 한 번씩 모두 사용하여

소수 두 자리 수를 만들려고 합니다.
만들 수 있는 가장 큰 수와 가장 작은 수의 합과 차를 각각 구해 보세요.

풀이 예 수 카드의 수의 크기를 비교하면 $8 > 4 > 3$이므로
만들 수 있는 가장 큰 소수 두 자리 수는 8.43이고,
가장 작은 소수 두 자리 수는 3.48입니다.
⇨ 합: $8.43+3.48=11.91$, 차: $8.43-3.48=4.95$

답 합: 11.91   , 차: 4.95

도전! 10

72쪽 이어 붙인 색 테이프의 전체 길이 구하기

색 테이프 3장을 그림과 같이 같은 길이만큼 겹치게 이어 붙였습니다. 이어 붙인
색 테이프의 전체 길이가 6.78 m일 때, ㉠에 알맞은 수를 구해 보세요.

1.6 m   3.1 m   2.8 m
㉠ m   ㉠ m

❶ 색 테이프 3장의 길이의 합은?
예 $1.6+3.1+2.8=7.5$(m)

❷ 겹쳐진 부분의 길이의 합은?
예 (색 테이프 3장의 길이의 합)-6.78
$=7.5-6.78=0.72$(m)

❸ ㉠에 알맞은 수는?
예 $0.36+0.36=0.72$이므로
㉠에 알맞은 수는 0.36입니다.

답   0.36

내가 지다니…

4. 다각형

82쪽 ★ 83쪽

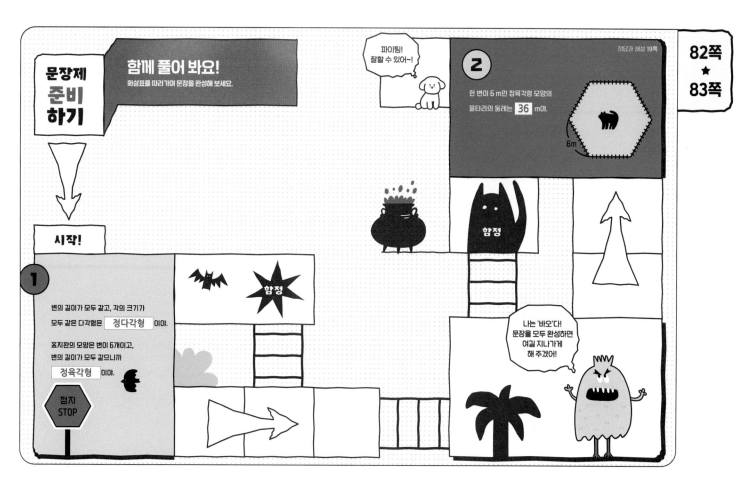

문장제 준비하기

함께 풀어 봐요!
화살표를 따라가며 문장을 완성해 보세요.

파이팅! 잘할 수 있어~!

2
정답과 해설 19쪽
한 변이 6 m인 정육각형 모양의 울타리의 둘레는 **36** m야.

6m

시작!

1
변의 길이가 모두 같고, 각의 크기가 모두 같은 다각형은 **정다각형** 이야.

표지판의 모양은 변이 6개이고, 변의 길이가 모두 같으니까 **정육각형** 이야.

정지 STOP

함정

나는 '바오'다! 문장을 모두 완성하면 여길 지나가게 해 주겠어!

12일 **문장제 연습하기**
*만든 정다각형의 이름 구하기

공부한 날   월   일

4. 다각형
정답과 해설 19쪽

84쪽 ★ 85쪽

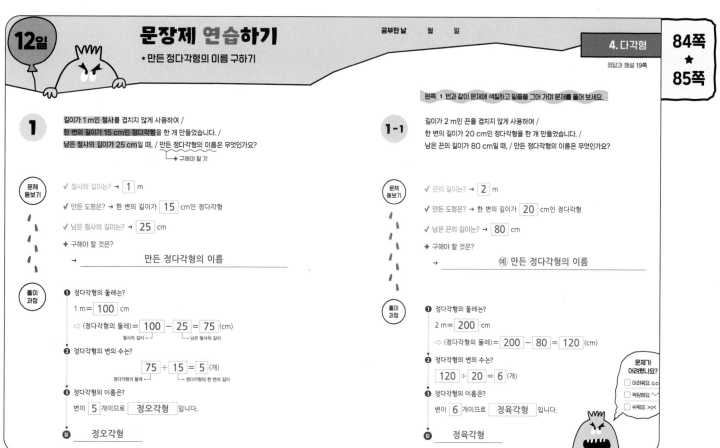

왼쪽 1 번과 같이 문제에 색칠하고 밑줄을 그어 가며 문제를 풀어 보세요.

1 길이가 1 m인 철사를 겹치지 않게 사용하여 /
한 변의 길이가 15 cm인 정다각형을 한 개 만들었습니다. /
남은 철사의 길이가 25 cm일 때, / 만든 정다각형의 이름은 무엇인가요?
└→ 구해야 할 것

문제 돌보기

✓ 철사의 길이는? → **1** m

✓ 만든 도형은? → 한 변의 길이가 **15** cm인 정다각형

✓ 남은 철사의 길이는? → **25** cm

✦ 구해야 할 것은?
→ ___만든 정다각형의 이름___

풀이 과정

❶ 정다각형의 둘레는?
1 m = **100** cm
⇨ (정다각형의 둘레) = **100** − **25** = **75** (cm)
철사의 길이   남은 철사의 길이

❷ 정다각형의 변의 수는?
75 ÷ **15** = **5** (개)
정다각형의 둘레   정다각형의 한 변의 길이

❸ 정다각형의 이름은?
변이 **5** 개이므로 **정오각형** 입니다.

답 ___정오각형___

1-1 길이가 2 m인 끈을 겹치지 않게 사용하여 /
한 변의 길이가 20 cm인 정다각형을 한 개 만들었습니다. /
남은 끈의 길이가 80 cm일 때, / 만든 정다각형의 이름은 무엇인가요?

문제 돌보기

✓ 끈의 길이는? → **2** m

✓ 만든 도형은? → 한 변의 길이가 **20** cm인 정다각형

✓ 남은 끈의 길이는? → **80** cm

✦ 구해야 할 것은?
→ (예) ___만든 정다각형의 이름___

풀이 과정

❶ 정다각형의 둘레는?
2 m = **200** cm
⇨ (정다각형의 둘레) = **200** − **80** = **120** (cm)

❷ 정다각형의 변의 수는?
120 ÷ **20** = **6** (개)

❸ 정다각형의 이름은?
변이 **6** 개이므로 **정육각형** 입니다.

답 ___정육각형___

문제가 어려웠나요?
☐ 어려워요. o.o
☐ 적당해요. ^-^
☐ 쉬워요. >o<

문장제 연습하기

* 정다각형의 한 각의 크기 구하기

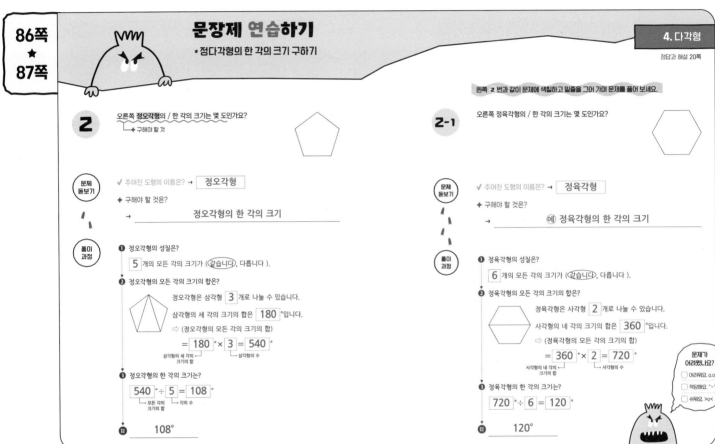

2 오른쪽 **정오각형의** / 한 각의 크기는 몇 도인가요?

└→ 구해야 할 것

문제 돋보기

✓ 주어진 도형의 이름은? → │ 정오각형 │

✦ 구해야 할 것은?

→ ____정오각형의 한 각의 크기____

풀이 과정

❶ 정오각형의 성질은?

│ 5 │ 개의 모든 각의 크기가 (같습니다), 다릅니다).

❷ 정오각형의 모든 각의 크기의 합은?

정오각형은 삼각형 │ 3 │ 개로 나눌 수 있습니다.

삼각형의 세 각의 크기의 합은 │ 180 │ °입니다.

⇨ (정오각형의 모든 각의 크기의 합)

= │ 180 │ ° × │ 3 │ = │ 540 │ °

└삼각형의 세 각의 크기의 합   └삼각형의 수

❸ 정오각형의 한 각의 크기는?

│ 540 │ ° ÷ │ 5 │ = │ 108 │ °

└모든 각의 크기의 합   └각의 수

답 ____108°____

왼쪽 **2**번과 같이 문제에 색칠하고 밑줄을 그어 가며 문제를 풀어 보세요.

2-1 오른쪽 **정육각형의** / 한 각의 크기는 몇 도인가요?

문제 돋보기

✓ 주어진 도형의 이름은? → │ 정육각형 │

✦ 구해야 할 것은?

→ ____예 정육각형의 한 각의 크기____

풀이 과정

❶ 정육각형의 성질은?

│ 6 │ 개의 모든 각의 크기가 (같습니다), 다릅니다).

❷ 정육각형의 모든 각의 크기의 합은?

정육각형은 사각형 │ 2 │ 개로 나눌 수 있습니다.

사각형의 네 각의 크기의 합은 │ 360 │ °입니다.

⇨ (정육각형의 모든 각의 크기의 합)

= │ 360 │ ° × │ 2 │ = │ 720 │ °

└사각형의 네 각의 크기의 합   └사각형의 수

❸ 정육각형의 한 각의 크기는?

│ 720 │ ° ÷ │ 6 │ = │ 120 │ °

답 ____120°____

문제가 어려웠나요?

☐ 어려워요. o.o
☐ 적당해요. ^-^
☐ 쉬워요. >o<

문장제 실력 쌓기

* 만든 정다각형의 이름 구하기
* 정다각형의 한 각의 크기 구하기

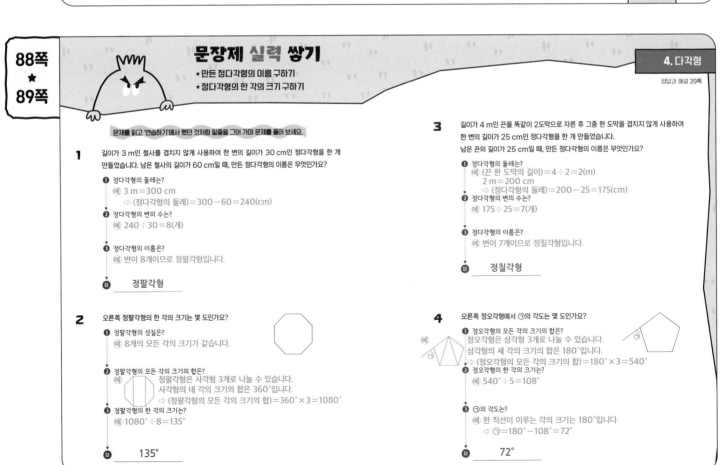

문제를 읽고 '연습하기'에서 했던 것처럼 밑줄을 그어 가며 문제를 풀어 보세요.

1 길이가 3 m인 철사를 겹치지 않게 사용하여 한 변의 길이가 30 cm인 정다각형을 한 개 만들었습니다. 남은 철사의 길이가 60 cm일 때, 만든 정다각형의 이름은 무엇인가요?

❶ 정다각형의 둘레는?
예 3 m=300 cm
⇨ (정다각형의 둘레)=300−60=240(cm)

❷ 정다각형의 변의 수는?
예 240÷30=8(개)

❸ 정다각형의 이름은?
예 변이 8개이므로 정팔각형입니다.

답 ____정팔각형____

2 오른쪽 정팔각형의 한 각의 크기는 몇 도인가요?

❶ 정팔각형의 성질은?
예 8개의 모든 각의 크기가 같습니다.

❷ 정팔각형의 모든 각의 크기의 합은?
예 정팔각형은 사각형 3개로 나눌 수 있습니다.
사각형의 네 각의 크기의 합은 360°입니다.
⇨ (정팔각형의 모든 각의 크기의 합)=360°×3=1080°

❸ 정팔각형의 한 각의 크기는?
예 1080°÷8=135°

답 ____135°____

3 길이가 4 m인 끈을 똑같이 2도막으로 자른 후 그중 한 도막을 겹치지 않게 사용하여 한 변의 길이가 25 cm인 정다각형을 한 개 만들었습니다.
남은 끈의 길이가 25 cm일 때, 만든 정다각형의 이름은 무엇인가요?

❶ 정다각형의 둘레는?
예 (끈 한 도막의 길이)=4÷2=2(m)
2 m=200 cm
⇨ (정다각형의 둘레)=200−25=175(cm)

❷ 정다각형의 변의 수는?
예 175÷25=7(개)

❸ 정다각형의 이름은?
예 변이 7개이므로 정칠각형입니다.

답 ____정칠각형____

4 오른쪽 정오각형에서 ㉠의 각도는 몇 도인가요?

❶ 정오각형의 모든 각의 크기의 합은?
예 정오각형은 삼각형 3개로 나눌 수 있습니다.
삼각형의 세 각의 크기의 합은 180°입니다.
⇨ (정오각형의 모든 각의 크기의 합)=180°×3=540°

❷ 정오각형의 한 각의 크기는?
예 540°÷5=108°

❸ ㉠의 각도는?
예 한 직선이 이루는 각의 크기는 180°입니다.
⇨ ㉠=180°−108°=72°

답 ____72°____

13일

문장제 연습하기

* 직사각형에 대각선을 그었을 때 생기는
각의 크기 구하기

공부한날   월   일

4. 다각형

정답과 해설 21쪽

90쪽 ★ 91쪽

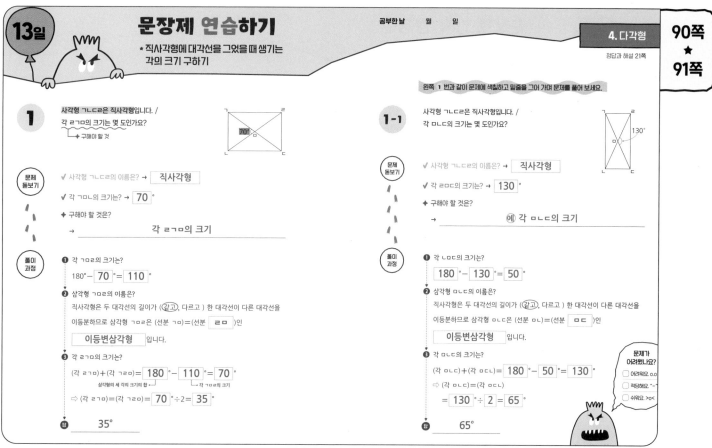

1 사각형 ㄱㄴㄷㄹ은 직사각형입니다. /
각 ㄹㄱㅁ의 크기는 몇 도인가요?
└→ 구해야 할 것

문제 돌보기

✔ 사각형 ㄱㄴㄷㄹ의 이름은? → **직사각형**

✔ 각 ㄱㅁㄴ의 크기는? → **70** °

✦ 구해야 할 것?

→ **각 ㄹㄱㅁ의 크기**

풀이 과정

❶ 각 ㄱㅁㄹ의 크기는?

180°− **70** °= **110** °

❷ 삼각형 ㄱㅁㄹ의 이름은?

직사각형은 두 대각선의 길이가 (⟨같고⟩, 다르고) 한 대각선이 다른 대각선을
이등분하므로 삼각형 ㄱㅁㄹ은 (선분 ㄱㅁ)=(선분 **ㄹㅁ**)인
이등변삼각형 입니다.

❸ 각 ㄹㄱㅁ의 크기는?

(각 ㄹㄱㅁ)+(각 ㄱㄹㅁ)= **180** °− **110** °= **70** °
        └ 삼각형의 세 각의 크기의 합   └ 각 ㄱㅁㄹ의 크기
⇨ (각 ㄹㄱㅁ)=(각 ㄱㄹㅁ)= **70** °÷2= **35** °

답 **35°**

왼쪽 **1** 번과 같이 문제에 색칠하고 밑줄을 그어 가며 문제를 풀어 보세요.

1-1 사각형 ㄱㄴㄷㄹ은 직사각형입니다. /
각 ㅁㄴㄷ의 크기는 몇 도인가요?

문제 돌보기

✔ 사각형 ㄱㄴㄷㄹ의 이름은? → **직사각형**

✔ 각 ㄹㅁㄷ의 크기는? → **130** °

✦ 구해야 할 것?

→ ⟨예⟩ **각 ㅁㄴㄷ의 크기**

풀이 과정

❶ 각 ㄴㅁㄷ의 크기는?

180 °− **130** °= **50** °

❷ 삼각형 ㅁㄴㄷ의 이름은?

직사각형은 두 대각선의 길이가 (⟨같고⟩, 다르고) 한 대각선이 다른 대각선을
이등분하므로 삼각형 ㅁㄴㄷ은 (선분 ㅁㄴ)=(선분 **ㅁㄷ**)인
이등변삼각형 입니다.

❸ 각 ㅁㄴㄷ의 크기는?

(각 ㅁㄴㄷ)+(각 ㅁㄷㄴ)= **180** °− **50** °= **130** °
⇨ (각 ㅁㄴㄷ)=(각 ㅁㄷㄴ)
        = **130** °÷2= **65** °

답 **65°**

문제가 어려웠나요?
☐ 어려워요. 0.0
☐ 적당해요. ^-^
☐ 쉬워요. >0<

문장제 연습하기

* 변의 길이의 합이 같은 도형의
한 변의 길이 구하기

4. 다각형

정답과 해설 21쪽

92쪽 ★ 93쪽

2 정오각형의 모든 변의 길이의 합과 /
정삼각형의 모든 변의 길이의 합은 같습니다. /
정삼각형의 한 변의 길이는 몇 cm인가요?
└→ 구해야 할 것

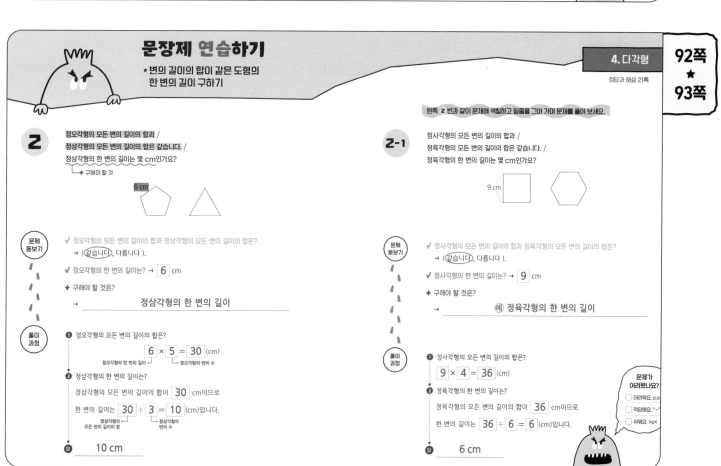

6 cm

문제 돌보기

✔ 정오각형의 모든 변의 길이의 합과 정삼각형의 모든 변의 길이의 합은?
→ (⟨같습니다⟩, 다릅니다).

✔ 정오각형의 한 변의 길이는? → **6** cm

✦ 구해야 할 것?

→ **정삼각형의 한 변의 길이**

풀이 과정

❶ 정오각형의 모든 변의 길이의 합은?

6 × **5** = **30** (cm)
└ 정오각형의 한 변의 길이   └ 정오각형의 변의 수

❷ 정삼각형의 한 변의 길이는?

정삼각형의 모든 변의 길이의 합이 **30** cm이므로
한 변의 길이는 **30** ÷ **3** = **10** (cm)입니다.
        └ 정삼각형의   └ 정삼각형의
          모든 변의 길이의 합   변의 수

❸ **10 cm**

2-1 정사각형의 모든 변의 길이의 합과 /
정육각형의 모든 변의 길이의 합은 같습니다. /
정육각형의 한 변의 길이는 몇 cm인가요?

9 cm

문제 돌보기

✔ 정사각형의 모든 변의 길이의 합과 정육각형의 모든 변의 길이의 합은?
→ (⟨같습니다⟩, 다릅니다).

✔ 정사각형의 한 변의 길이는? → **9** cm

✦ 구해야 할 것?

→ ⟨예⟩ **정육각형의 한 변의 길이**

풀이 과정

❶ 정사각형의 모든 변의 길이의 합은?

9 × **4** = **36** (cm)

❷ 정육각형의 한 변의 길이는?

정육각형의 모든 변의 길이의 합이 **36** cm이므로
한 변의 길이는 **36** ÷ **6** = **6** (cm)입니다.

❸ **6 cm**

문제가 어려웠나요?
☐ 어려워요. 0.0
☐ 적당해요. ^-^
☐ 쉬워요. >0<

문장제 실력 쌓기

*직사각형에 대각선을 그었을 때 생기는 각의 크기 구하기
*변의 길이의 합이 같은 도형의 한 변의 길이 구하기

문제를 읽고 '연습하기'에서 했던 것처럼 밑줄을 그어 가며 문제를 풀어 보세요.

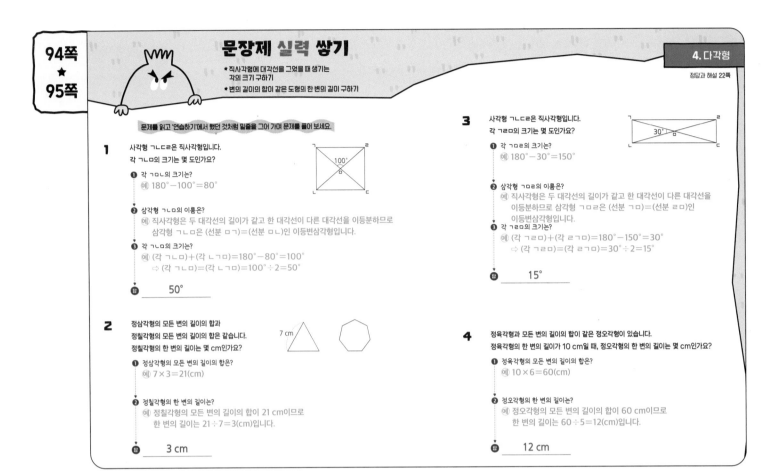

1 사각형 ㄱㄴㄷㄹ은 직사각형입니다.
각 ㄱㄴㅁ의 크기는 몇 도인가요?

❶ 각 ㄱㅁㄴ의 크기는?
(예) 180°−100°=80°

❷ 삼각형 ㄱㄴㅁ의 이름은?
(예) 직사각형은 두 대각선의 길이가 같고 한 대각선이 다른 대각선을 이등분하므로
삼각형 ㄱㄴㅁ은 (선분 ㅁㄱ)=(선분 ㅁㄴ)인 이등변삼각형입니다.

❸ 각 ㄱㄴㅁ의 크기는?
(예) (각 ㄱㄴㅁ)+(각 ㄴㄱㅁ)=180°−80°=100°
⇨ (각 ㄱㄴㅁ)=(각 ㄴㄱㅁ)=100°÷2=50°

답 **50°**

2 정삼각형의 모든 변의 길이의 합과
정칠각형의 모든 변의 길이의 합은 같습니다.
정칠각형의 한 변의 길이는 몇 cm인가요?

❶ 정삼각형의 모든 변의 길이의 합은?
(예) 7×3=21(cm)

❷ 정칠각형의 한 변의 길이는?
(예) 정칠각형의 모든 변의 길이의 합이 21 cm이므로
한 변의 길이는 21÷7=3(cm)입니다.

답 **3 cm**

3 사각형 ㄱㄴㄷㄹ은 직사각형입니다.
각 ㄱㄹㅁ의 크기는 몇 도인가요?

❶ 각 ㄱㅁㄹ의 크기는?
(예) 180°−30°=150°

❷ 삼각형 ㄱㅁㄹ의 이름은?
(예) 직사각형은 두 대각선의 길이가 같고 한 대각선이 다른 대각선을
이등분하므로 삼각형 ㄱㅁㄹ은 (선분 ㄱㅁ)=(선분 ㄹㅁ)인
이등변삼각형입니다.

❸ 각 ㄱㄹㅁ의 크기는?
(예) (각 ㄱㄹㅁ)+(각 ㄹㄱㅁ)=180°−150°=30°
⇨ (각 ㄱㄹㅁ)=(각 ㄹㄱㅁ)=30°÷2=15°

답 **15°**

4 정육각형과 모든 변의 길이의 합이 같은 정오각형이 있습니다.
정육각형의 한 변의 길이가 10 cm일 때, 정오각형의 한 변의 길이는 몇 cm인가요?

❶ 정육각형의 모든 변의 길이의 합은?
(예) 10×6=60(cm)

❷ 정오각형의 한 변의 길이는?
(예) 정오각형의 모든 변의 길이의 합이 60 cm이므로
한 변의 길이는 60÷5=12(cm)입니다.

답 **12 cm**

단원 마무리

공부한 날   월   일

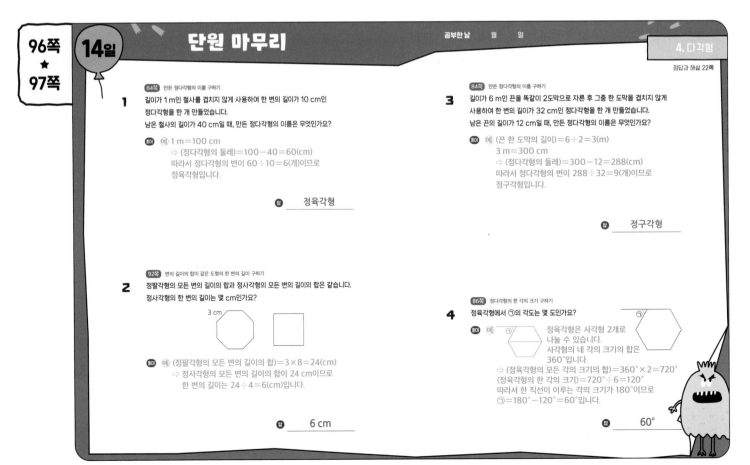

84쪽 만든 정다각형의 이름 구하기

1 길이가 1 m인 철사를 겹치지 않게 사용하여 한 변의 길이가 10 cm인
정다각형을 한 개 만들었습니다.
남은 철사의 길이가 40 cm일 때, 만든 정다각형의 이름은 무엇인가요?

풀이 (예) 1 m=100 cm
⇨ (정다각형의 둘레)=100−40=60(cm)
따라서 정다각형의 변이 60÷10=6(개)이므로
정육각형입니다.

답 **정육각형**

92쪽 변의 길이의 합이 같은 도형의 한 변의 길이 구하기

2 정팔각형의 모든 변의 길이의 합과 정사각형의 모든 변의 길이의 합은 같습니다.
정사각형의 한 변의 길이는 몇 cm인가요?

3 cm

풀이 (예) (정팔각형의 모든 변의 길이의 합)=3×8=24(cm)
⇨ 정사각형의 모든 변의 길이의 합이 24 cm이므로
한 변의 길이는 24÷4=6(cm)입니다.

답 **6 cm**

84쪽 만든 정다각형의 이름 구하기

3 길이가 6 m인 끈을 똑같이 2도막으로 자른 후 그중 한 도막을 겹치지 않게
사용하여 한 변의 길이가 32 cm인 정다각형을 한 개 만들었습니다.
남은 끈의 길이가 12 cm일 때, 만든 정다각형의 이름은 무엇인가요?

풀이 (예) (끈 한 도막의 길이)=6÷2=3(m)
3 m=300 cm
⇨ (정다각형의 둘레)=300−12=288(cm)
따라서 정다각형의 변이 288÷32=9(개)이므로
정구각형입니다.

답 **정구각형**

86쪽 정다각형의 한 각의 크기 구하기

4 정육각형에서 ㉠의 각도는 몇 도인가요?

풀이 (예) 정육각형은 사각형 2개로
나눌 수 있습니다.
사각형의 네 각의 크기의 합은
360°입니다.
⇨ (정육각형의 모든 각의 크기의 합)=360°×2=720°
(정육각형의 한 각의 크기)=720°÷6=120°
따라서 한 직선이 이루는 각의 크기가 180°이므로
㉠=180°−120°=60°입니다.

답 **60°**

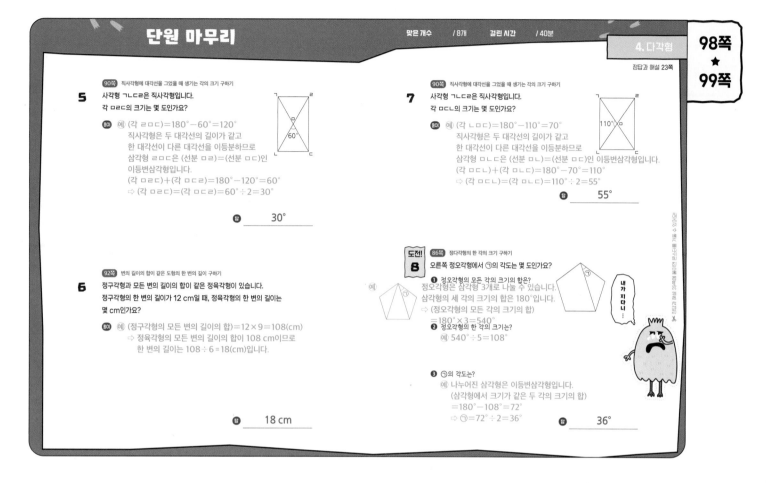

5 〔90쪽〕 직사각형에 대각선을 그었을 때 생기는 각의 크기 구하기

사각형 ㄱㄴㄷㄹ은 직사각형입니다.
각 ㅁㄹㄷ의 크기는 몇 도인가요?

풀이 예 (각 ㄹㅁㄷ)=180°−60°=120°
직사각형은 두 대각선의 길이가 같고
한 대각선이 다른 대각선을 이등분하므로
삼각형 ㄹㅁㄷ은 (선분 ㅁㄹ)=(선분 ㅁㄷ)인
이등변삼각형입니다.
(각 ㅁㄹㄷ)+(각 ㅁㄷㄹ)=180°−120°=60°
⇨ (각 ㅁㄹㄷ)=(각 ㅁㄷㄹ)=60°÷2=30°

답   30°

6 〔92쪽〕 변의 길이의 합이 같은 도형의 한 변의 길이 구하기

정구각형과 모든 변의 길이의 합이 같은 정육각형이 있습니다.
정구각형의 한 변의 길이가 12 cm일 때, 정육각형의 한 변의 길이는
몇 cm인가요?

풀이 예 (정구각형의 모든 변의 길이의 합)=12×9=108(cm)
⇨ 정육각형의 모든 변의 길이의 합이 108 cm이므로
한 변의 길이는 108÷6=18(cm)입니다.

답   18 cm

7 〔90쪽〕 직사각형에 대각선을 그었을 때 생기는 각의 크기 구하기

사각형 ㄱㄴㄷㄹ은 직사각형입니다.
각 ㅁㄷㄴ의 크기는 몇 도인가요?

풀이 예 (각 ㄴㅁㄷ)=180°−110°=70°
직사각형은 두 대각선의 길이가 같고
한 대각선이 다른 대각선을 이등분하므로
삼각형 ㅁㄴㄷ은 (선분 ㅁㄴ)=(선분 ㅁㄷ)인 이등변삼각형입니다.
(각 ㅁㄷㄴ)+(각 ㅁㄴㄷ)=180°−70°=110°
⇨ (각 ㅁㄷㄴ)=(각 ㅁㄴㄷ)=110°÷2=55°

답   55°

도전! **8** 〔86쪽〕 정다각형의 한 각의 크기 구하기

오른쪽 정오각형에서 ㉠의 각도는 몇 도인가요?

❶ 정오각형의 모든 각의 크기의 합은?
정오각형은 삼각형 3개로 나눌 수 있습니다.
삼각형의 세 각의 크기의 합은 180°입니다.
⇨ (정오각형의 모든 각의 크기의 합)
=180°×3=540°

❷ 정오각형의 한 각의 크기는?
예 540°÷5=108°

❸ ㉠의 각도는?
예 나누어진 삼각형은 이등변삼각형입니다.
(삼각형에서 크기가 같은 두 각의 크기의 합)
=180°−108°=72°
⇨ ㉠=72°÷2=36°

답   36°

내가 지다니…

23

5. 꺾은선그래프

문장제 연습하기
*자릿값의 차 구하기

공부한 날   월   일

5. 꺾은선그래프

정답과 해설 24쪽

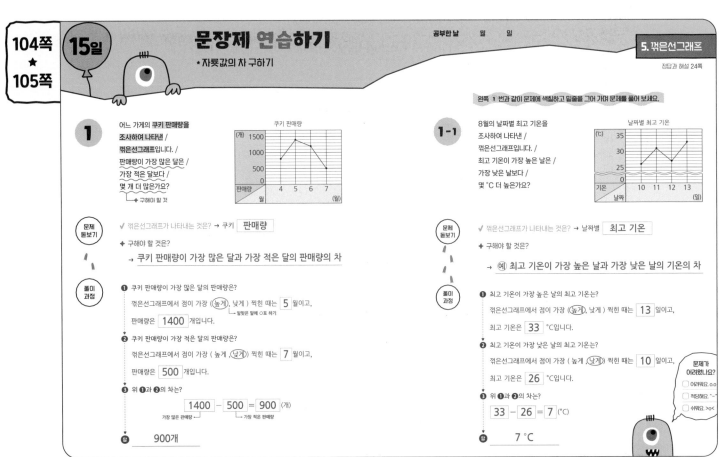

문장제 연습하기
★ 표와 꺾은선그래프 완성하기

정답과 해설 25쪽

2 어느 식물의 키를 조사하여 나타낸 / 표와 꺾은선그래프입니다. / 31일의 키가 21일보다 4 cm 더 클 때, / 표와 꺾은선그래프를 완성해 보세요.
→ 구해야 할 것

식물의 키

날짜(일)	1	11	21	31
키(cm)	3	8	11	15

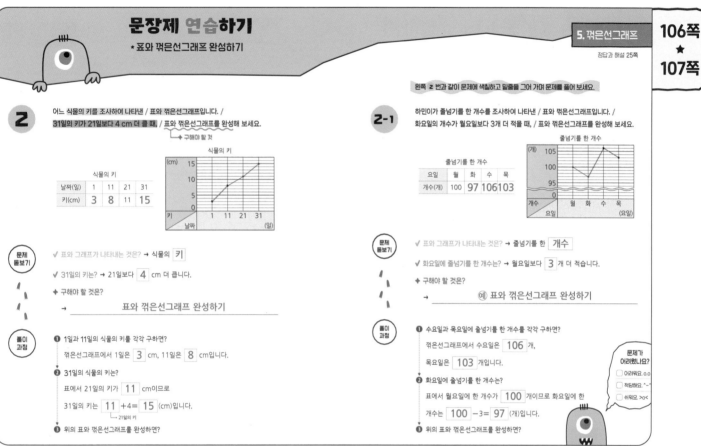

식물의 키

문제 돋보기

✓ 표와 그래프가 나타내는 것은? → 식물의 **키**

✓ 31일의 키는? → 21일보다 **4** cm 더 큽니다.

✦ 구해야 할 것은?
→ 표와 꺾은선그래프 완성하기

풀이 과정

❶ 1일과 11일의 식물의 키를 각각 구하면?
꺾은선그래프에서 1일은 **3** cm, 11일은 **8** cm입니다.

❷ 31일의 식물의 키는?
표에서 21일의 키가 **11** cm이므로
31일의 키는 **11** +4= **15** (cm)입니다.
└ 21일의 키

❸ 위의 표와 꺾은선그래프를 완성하면?

왼쪽 **2** 번과 같이 문제에 색칠하고 밑줄을 그어 가며 문제를 풀어 보세요.

2-1 하민이가 줄넘기를 한 개수를 조사하여 나타낸 / 표와 꺾은선그래프입니다. / 화요일의 개수가 월요일보다 3개 더 적을 때, / 표와 꺾은선그래프를 완성해 보세요.

줄넘기를 한 개수

요일	월	화	수	목
개수(개)	100	97	106	103

줄넘기를 한 개수

문제 돋보기

✓ 표와 그래프가 나타내는 것은? → 줄넘기를 한 **개수**

✓ 화요일에 줄넘기를 한 개수는? → 월요일보다 **3** 개 더 적습니다.

✦ 구해야 할 것은?
→ 예 표와 꺾은선그래프 완성하기

풀이 과정

❶ 수요일과 목요일에 줄넘기를 한 개수를 각각 구하면?
꺾은선그래프에서 수요일은 **106** 개,
목요일은 **103** 개입니다.

❷ 화요일에 줄넘기를 한 개수는?
표에서 월요일에 한 개수가 **100** 개이므로 화요일에 한
개수는 **100** −3= **97** (개)입니다.

❸ 위의 표와 꺾은선그래프를 완성하면?

> 문제가 어려웠나요?
> ☐ 어려워요. o.o
> ☐ 적당해요. ^-^
> ☐ 쉬워요. >o<

문장제 실력 쌓기
★ 자룟값의 차 구하기
★ 표와 꺾은선그래프 완성하기

정답과 해설 25쪽

문제를 읽고 '연습하기'에서 했던 것처럼 밑줄을 그어 가며 문제를 풀어 보세요.

1 어느 마을의 연도별 초등학생 수를 조사하여 나타낸 꺾은선그래프입니다.
학생 수가 가장 많은 연도는 가장 적은 연도보다 몇 명 더 많나요?

연도별 초등학생 수

❶ 학생 수가 가장 많은 연도의 학생 수는?
예 꺾은선그래프에서 점이 가장 높게 찍힌 때는 2024년이고,
학생 수는 190명입니다.

❷ 학생 수가 가장 적은 연도의 학생 수는?
예 꺾은선그래프에서 점이 가장 낮게 찍힌 때는 2020년이고,
학생 수는 80명입니다.

❸ 위 ❶과 ❷의 차는?
예 190−80=110(명)

답 110명

---

2 동하의 몸무게를 조사하여 나타낸 표와 꺾은선그래프입니다.
11월의 몸무게가 10월보다 0.8 kg 더 무거울 때, 표와 꺾은선그래프를 완성해 보세요.

월별 몸무게

월	8	9	10	11	12
몸무게(kg)	32.9	32	32.5	33.3	32.2

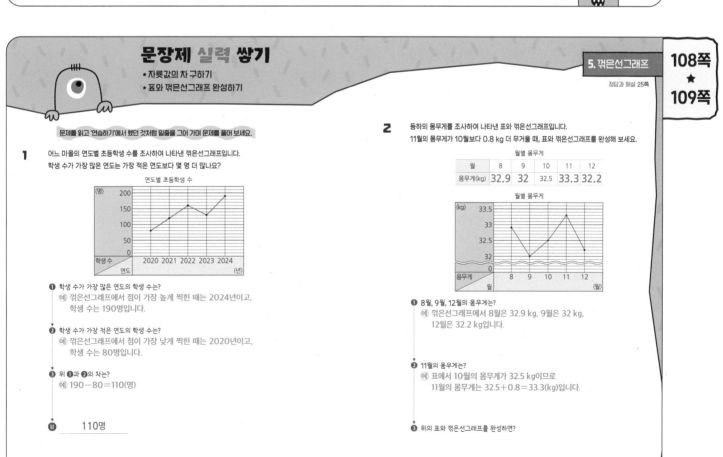

월별 몸무게

❶ 8월, 9월, 12월의 몸무게는?
예 꺾은선그래프에서 8월은 32.9 kg, 9월은 32 kg,
12월은 32.2 kg입니다.

❷ 11월의 몸무게는?
예 표에서 10월의 몸무게가 32.5 kg이므로
11월의 몸무게는 32.5+0.8=33.3(kg)입니다.

❸ 위의 표와 꺾은선그래프를 완성하면?

문장제 연습하기

*두 꺾은선 비교하기

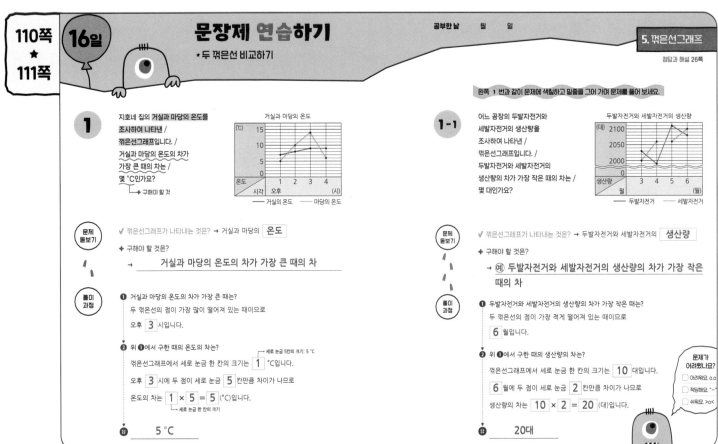

1 지호네 집의 거실과 마당의 온도를 / 조사하여 나타낸 / 꺾은선그래프입니다. / 거실과 마당의 온도의 차가 / 가장 큰 때의 차는 / 몇 °C인가요?
└→ 구해야 할 것

거실과 마당의 온도

문제 돌보기

✓ 꺾은선그래프가 나타내는 것은? → 거실과 마당의 [온도]

◆ 구해야 할 것은?

→ 거실과 마당의 온도의 차가 가장 큰 때의 차

풀이 과정

❶ 거실과 마당의 온도의 차가 가장 큰 때는?
두 꺾은선의 점이 가장 많이 떨어져 있는 때이므로
오후 [3] 시입니다.

❷ 위 ❶에서 구한 때의 온도의 차는? ←── 세로 눈금 5칸의 크기: 5 °C
꺾은선그래프에서 세로 눈금 한 칸의 크기는 [1] °C입니다.
오후 [3] 시에 두 점이 세로 눈금 [5] 칸만큼 차이가 나므로
온도의 차는 [1] × [5] = [5] (°C)입니다.
└── 세로 눈금 한 칸의 크기

답 ___5 °C___

왼쪽 **1** 번과 같이 문제에 색칠하고 밑줄을 그어 가며 문제를 풀어 보세요.

1-1 어느 공장의 두발자전거와 / 세발자전거의 생산량을 / 조사하여 나타낸 / 꺾은선그래프입니다. / 두발자전거와 세발자전거의 / 생산량의 차가 가장 작은 때의 차는 / 몇 대인가요?

두발자전거와 세발자전거의 생산량

문제 돌보기

✓ 꺾은선그래프가 나타내는 것은? → 두발자전거와 세발자전거의 [생산량]

◆ 구해야 할 것은?

→ 예 두발자전거와 세발자전거의 생산량의 차가 가장 작은 때의 차

풀이 과정

❶ 두발자전거와 세발자전거의 생산량의 차가 가장 작은 때는?
두 꺾은선의 점이 가장 적게 떨어져 있는 때이므로
[6] 월입니다.

❷ 위 ❶에서 구한 때의 생산량의 차는?
꺾은선그래프에서 세로 눈금 한 칸의 크기는 [10] 대입니다.
[6] 월에 두 점이 세로 눈금 [2] 칸만큼 차이가 나므로
생산량의 차는 [10] × [2] = [20] (대)입니다.

답 ___20대___

문제가 어려웠나요?
☐ 어려워요. o.o
☐ 적당해요. ^-^
☐ 쉬워요. >o<

문장제 연습하기

*세로 눈금의 크기를 바꾸어 그릴 때 눈금 수의 차 구하기

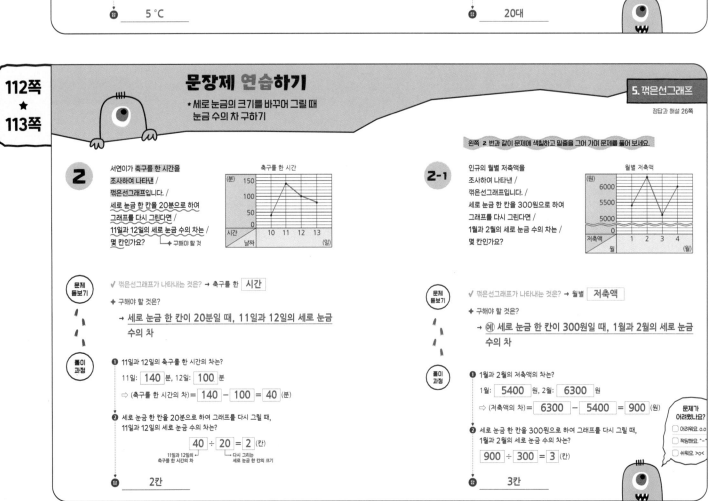

2 서연이가 축구를 한 시간을 / 조사하여 나타낸 / 꺾은선그래프입니다. / 세로 눈금 한 칸을 20분으로 하여 / 그래프를 다시 그린다면 / 11일과 12일의 세로 눈금 수의 차는 / 몇 칸인가요? └→ 구해야 할 것

축구를 한 시간

문제 돌보기

✓ 꺾은선그래프가 나타내는 것은? → 축구를 한 [시간]

◆ 구해야 할 것은?

→ 세로 눈금 한 칸이 20분일 때, 11일과 12일의 세로 눈금 수의 차

풀이 과정

❶ 11일과 12일의 축구를 한 시간의 차는?
11일: [140] 분, 12일: [100] 분
⇨ (축구를 한 시간의 차) = [140] − [100] = [40] (분)

❷ 세로 눈금 한 칸을 20분으로 하여 그래프를 다시 그릴 때,
11일과 12일의 세로 눈금 수의 차는?
[40] ÷ [20] = [2] (칸)
└ 11일과 12일의 축구를 한 시간의 차 └ 다시 그리는 세로 눈금 한 칸의 크기

답 ___2칸___

2-1 인규의 월별 저축액을 / 조사하여 나타낸 / 꺾은선그래프입니다. / 세로 눈금 한 칸을 300원으로 하여 / 그래프를 다시 그린다면 / 1월과 2월의 세로 눈금 수의 차는 / 몇 칸인가요?

월별 저축액

문제 돌보기

✓ 꺾은선그래프가 나타내는 것은? → 월별 [저축액]

◆ 구해야 할 것은?

→ 예 세로 눈금 한 칸이 300원일 때, 1월과 2월의 세로 눈금 수의 차

풀이 과정

❶ 1월과 2월의 저축액의 차는?
1월: [5400] 원, 2월: [6300] 원
⇨ (저축액의 차) = [6300] − [5400] = [900] (원)

❷ 세로 눈금 한 칸을 300원으로 하여 그래프를 다시 그릴 때,
1월과 2월의 세로 눈금 수의 차는?
[900] ÷ [300] = [3] (칸)

답 ___3칸___

문제가 어려웠나요?
☐ 어려워요. o.o
☐ 적당해요. ^-^
☐ 쉬워요. >o<

문장제 실력 쌓기

★ 두 꺾은선 비교하기
★ 세로 눈금의 크기를 바꾸어 그릴 때 눈금 수의 차 구하기

정답과 해설 27쪽

문제를 읽고 '연습하기'에서 했던 것처럼 밑줄을 그어 가며 문제를 풀어 보세요.

1 ㉮ 공연과 ㉯ 공연의 관람객 수를 조사하여 나타낸 꺾은선그래프입니다.
㉮ 공연과 ㉯ 공연의 관람객 수의 차가 가장 클 때의 차는 몇 명인가요?

㉮ 공연과 ㉯ 공연의 관람객 수

(명)
5500
5000
4500
4000
관람객 수 0
월 8 9 10 11 12 (월)

—— ㉮공연의 관람객 수   ----- ㉯공연의 관람객 수

❶ ㉮ 공연과 ㉯ 공연의 관람객 수의 차가 가장 클 때는?
(예) 두 꺾은선의 점이 가장 많이 떨어져 있는 때이므로 12월입니다.

❷ 위 ❶에서 구한 때의 관람객 수의 차는?
(예) 꺾은선그래프에서 세로 눈금 한 칸의 크기는 100명입니다.
12월에 두 점이 세로 눈금 12칸만큼 차이가 나므로
관람객 수의 차는 100×12=1200(명)입니다.

답 __1200명__

2 어느 가게의 찐빵 판매량을 조사하여 나타낸 꺾은선그래프입니다.
세로 눈금 한 칸을 2상자로 하여 그래프를 다시 그린다면
목요일과 금요일의 세로 눈금 수의 차는 몇 칸인가요?

찐빵 판매량

(상자)
25
20
15
10
5
판매량 0
요일 월 화 수 목 금 토 (요일)

❶ 목요일과 금요일의 판매량의 차는?
(예) 목요일: 8상자, 금요일: 22상자
⇨ (판매량의 차)=22-8=14(상자)

❷ 세로 눈금 한 칸을 2상자로 하여 그래프를 다시 그릴 때,
목요일과 금요일의 세로 눈금 수의 차는?
(예) 14÷2=7(칸)

답 __7칸__

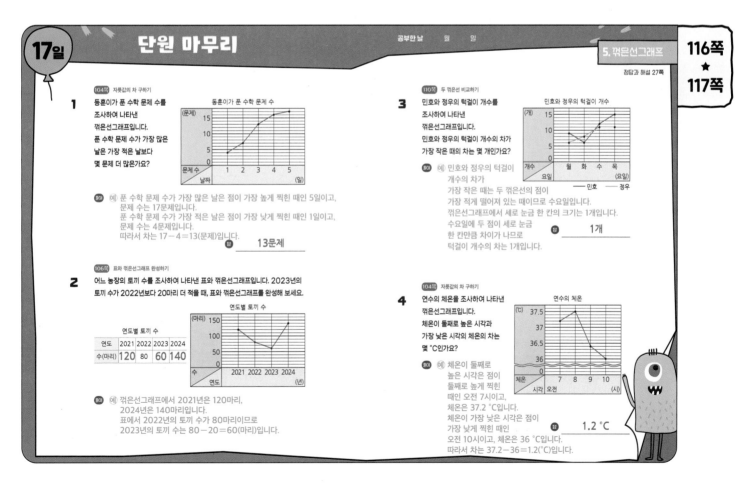

17일 # 단원 마무리

공부한 날   월   일

정답과 해설 27쪽

1 104쪽 자룻값의 차 구하기
동훈이가 푼 수학 문제 수를 조사하여 나타낸 꺾은선그래프입니다.
푼 수학 문제 수가 가장 많은 날은 가장 적은 날보다 몇 문제 더 많은가요?

동훈이가 푼 수학 문제 수

(문제)
15
10
5
문제 수 0
날짜 1 2 3 4 5 (일)

풀이 (예) 푼 수학 문제 수가 가장 많은 날은 점이 가장 높게 찍힌 때인 5일이고,
문제 수는 17문제입니다.
푼 수학 문제 수가 가장 적은 날은 점이 가장 낮게 찍힌 때인 1일이고,
문제 수는 4문제입니다.
따라서 차는 17-4=13(문제)입니다.

답 __13문제__

2 106쪽 표와 꺾은선그래프 완성하기
어느 농장의 토끼 수를 조사하여 나타낸 표와 꺾은선그래프입니다. 2023년의
토끼 수가 2022년보다 20마리 더 적을 때, 표와 꺾은선그래프를 완성해 보세요.

연도별 토끼 수

연도	2021	2022	2023	2024
수(마리)	120	80	60	140

연도별 토끼 수

(마리)
150
100
50
수 0
연도 2021 2022 2023 2024 (년)

풀이 (예) 꺾은선그래프에서 2021년은 120마리,
2024년은 140마리입니다.
표에서 2022년의 토끼 수가 80마리이므로
2023년의 토끼 수는 80-20=60(마리)입니다.

3 110쪽 두 꺾은선 비교하기
민호와 정우의 턱걸이 개수를 조사하여 나타낸 꺾은선그래프입니다.
민호와 정우의 턱걸이 개수의 차가 가장 작을 때의 차는 몇 개인가요?

민호와 정우의 턱걸이 개수

(개)
15
10
5
개수 0
요일 월 화 수 목 (요일)

—— 민호   ----- 정우

풀이 (예) 민호와 정우의 턱걸이 개수의 차가 가장 작은 때는 두 꺾은선의 점이
가장 적게 떨어져 있는 때이므로 수요일입니다.
꺾은선그래프에서 세로 눈금 한 칸의 크기는 1개입니다.
수요일에 두 점이 세로 눈금 한 칸만큼 차이가 나므로
턱걸이 개수의 차는 1개입니다.

답 __1개__

4 104쪽 자룻값의 차 구하기
연수의 체온을 조사하여 나타낸 꺾은선그래프입니다.
체온이 둘째로 높은 시각과 가장 낮은 시각의 체온의 차는 몇 °C인가요?

연수의 체온

(°C)
37.5
37
36.5
36
체온 0
시각 오전 7 8 9 10 (시)

풀이 (예) 체온이 둘째로 높은 시각은 점이 둘째로 높게 찍힌 때인 오전 7시이고,
체온은 37.2 °C입니다.
체온이 가장 낮은 시각은 점이 가장 낮게 찍힌 때인
오전 10시이고, 체온은 36 °C입니다.
따라서 차는 37.2-36=1.2(°C)입니다.

답 __1.2 °C__

정답과 해설 28쪽

112쪽 세로 눈금의 크기를 바꾸어 그릴 때 눈금 수의 차 구하기

5 어느 공장의 연필 생산량을
조사하여 나타낸
꺾은선그래프입니다.
세로 눈금 한 칸을 5상자로 하여
그래프를 다시 그린다면
7월과 8월의 세로 눈금 수의 차는
몇 칸인가요?

연필 생산량

(풀이) 예) 7월: 120상자, 8월: 80상자
⇨ (생산량의 차)=120−80=40(상자)
따라서 세로 눈금 한 칸을 5상자로 하여 그래프를 다시 그린다면
40÷5=8(칸) 차이가 납니다.

(답) __8칸__

110쪽 두 꺾은선 비교하기

6 가 지역과 나 지역의 인구를
조사하여 나타낸
꺾은선그래프입니다.
가 지역과 나 지역의 인구의
차가 가장 큰 때의 차는
몇 명인가요?

가 지역과 나 지역의 인구

──── 가 지역　──── 나 지역

(풀이) 예) 가 지역과 나 지역의 인구의 차가 가장 큰 때는
두 꺾은선의 점이 가장 많이 떨어져 있는 때이므로 2021년입니다.
꺾은선그래프에서 세로 눈금 한 칸의 크기는 20명입니다.
2021년에 두 점이 세로 눈금 8칸만큼 차이가 나므로 인구의 차는
20×8=160(명)입니다.

(답) __160명__

104쪽 자룟값의 차 구하기

도전! 7 **112쪽** 세로 눈금의 크기를 바꾸어 그릴 때 눈금 수의 차 구하기

어느 놀이공원의 방문객 수를 조사하여 나타낸 꺾은선그래프입니다.
세로 눈금 한 칸을 400명으로 하여 그래프를 다시 그린다면
방문객 수가 가장 많은 달과 가장 적은 달의 세로 눈금 수의 차는 몇 칸인가요?

방문객 수

❶ 방문객 수가 가장 많은 달과 가장 적은 달의 방문객 수는?
예) 방문객 수가 가장 많은 달은 점이 가장 높게 찍힌 때인 12월이고, 방문객 수는
9200명입니다. 방문객 수가 가장 적은 달은 점이 가장 낮게 찍힌 때인
9월이고, 방문객 수는 5600명입니다.

❷ 위 ❶에서 구한 방문객 수의 차는?
예) 9200−5600=3600(명)

❸ 세로 눈금 한 칸을 400명으로 하여 그래프를 다시 그릴 때,
방문객 수가 가장 많은 달과 가장 적은 달의 세로 눈금 수의 차는?
예) 3600÷400=9(칸)

(답) __9칸__

내가 지다니…

28

6. 평면도형의 이동

이제 마지막
단원이야.
조금만 더 힘내!

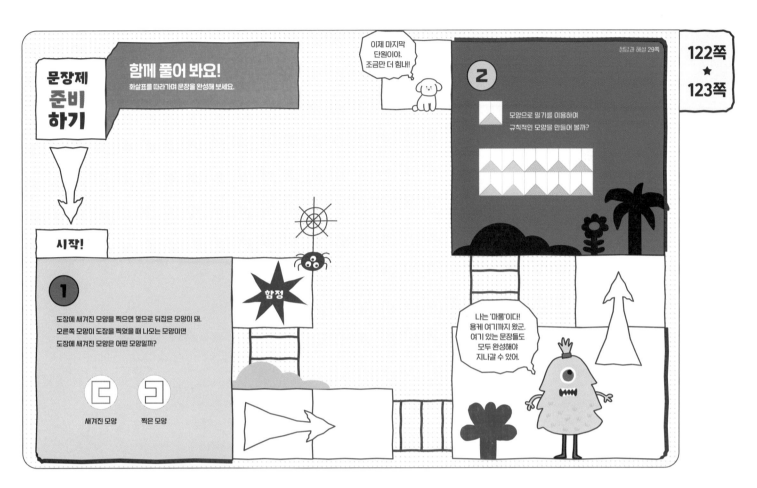

문장제 준비하기

함께 풀어 봐요!
화살표를 따라가며 문장을 완성해 보세요.

시작!

1

도장에 새겨진 모양을 찍으면 옆으로 뒤집은 모양이 돼.
오른쪽 모양이 도장을 찍었을 때 나오는 모양이면
도장에 새겨진 모양은 어떤 모양일까?

새겨진 모양   찍은 모양

함정

2

모양으로 밀기를 이용하여
규칙적인 모양을 만들어 볼까?

나는 '마룽'이다!
용케 여기까지 왔군.
여기 있는 문장들도
모두 완성해야
지나갈 수 있어.

18일 **문장제 연습하기**
*움직인 도형이 처음 도형과
같은 것 찾기

공부한 날   월   일

6. 평면도형의 이동
정답과 해설 29쪽

124쪽
★
125쪽

왼쪽 1 번과 같이 문제에 색칠하고 밑줄을 그어 가며 문제를 풀어 보세요.

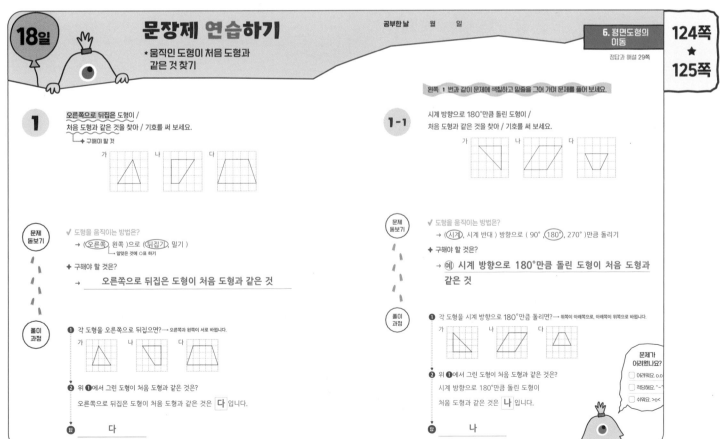

1

오른쪽으로 뒤집은 도형이 /
처음 도형과 같은 것을 찾아 / 기호를 써 보세요.
└→ 구해야 할 것

가   나   다

**문제
돌보기**

✓ 도형을 움직이는 방법은?
→ (오른쪽), 왼쪽)으로 (뒤집기), 밀기)
알맞은 것에 ○표 하기

✦ 구해야 할 것은?
→   오른쪽으로 뒤집은 도형이 처음 도형과 같은 것

**풀이
과정**

❶ 각 도형을 오른쪽으로 뒤집으면?→ 오른쪽과 왼쪽이 서로 바뀝니다.
가   나   다

❷ 위 ❶에서 그린 도형이 처음 도형과 같은 것은?
오른쪽으로 뒤집은 도형이 처음 도형과 같은 것은 다 입니다.

❸ 답   다

1-1

시계 방향으로 180°만큼 돌린 도형이 /
처음 도형과 같은 것을 찾아 / 기호를 써 보세요.

가   나   다

**문제
돌보기**

✓ 도형을 움직이는 방법은?
→ (시계), 시계 반대) 방향으로 (90°,(180°), 270°)만큼 돌리기

✦ 구해야 할 것은?
→ 예 시계 방향으로 180°만큼 돌린 도형이 처음 도형과
같은 것

**풀이
과정**

❶ 각 도형을 시계 방향으로 180°만큼 돌리면?→ 위쪽이 아래쪽으로, 아래쪽이 위쪽으로 바뀝니다.
가   나   다

❷ 위 ❶에서 그린 도형이 처음 도형과 같은 것은?
시계 방향으로 180°만큼 돌린 도형이
처음 도형과 같은 것은 나 입니다.

❸ 답   나

문제가
어려웠나요?
☐ 어려워요. 0.0
☐ 적당해요. ^-^
☐ 쉬워요. >.<

문장제 연습하기

*움직였을 때 만들어지는 수와 처음 수의 합(차) 구하기

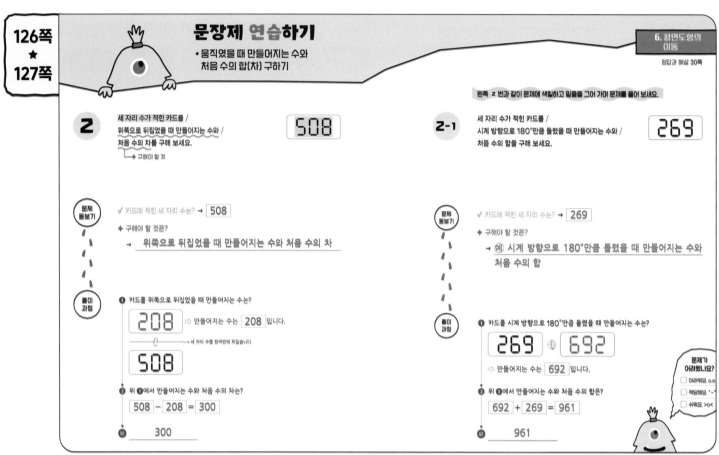

2 세 자리 수가 적힌 카드를 / 위쪽으로 뒤집었을 때 만들어지는 수와 / 처음 수의 차를 구해 보세요.
→ 구해야 할 것

`508`

문제 돌보기

✓ 카드에 적힌 세 자리 수는? → `508`

✦ 구해야 할 것은?
→ 위쪽으로 뒤집었을 때 만들어지는 수와 처음 수의 차

풀이 과정

❶ 카드를 위쪽으로 뒤집었을 때 만들어지는 수는?

`208`

⇨ 만들어지는 수는 `208` 입니다.

세 자리 수를 한꺼번에 뒤집습니다.

`508`

❷ 위 ❶에서 만들어지는 수와 처음 수의 차는?

`508` − `208` = `300`

답 __300__

왼쪽 **2** 번과 같이 문제에 색칠하고 밑줄을 그어 가며 문제를 풀어 보세요.

2-1 세 자리 수가 적힌 카드를 / 시계 방향으로 180°만큼 돌렸을 때 만들어지는 수와 / 처음 수의 합을 구해 보세요.

`269`

문제 돌보기

✓ 카드에 적힌 세 자리 수는? → `269`

✦ 구해야 할 것은?
→ ㈜ 시계 방향으로 180°만큼 돌렸을 때 만들어지는 수와 처음 수의 합

풀이 과정

❶ 카드를 시계 방향으로 180°만큼 돌렸을 때 만들어지는 수는?

`269` ➡ `692`

⇨ 만들어지는 수는 `692` 입니다.

❷ 위 ❶에서 만들어지는 수와 처음 수의 합은?

`692` + `269` = `961`

답 __961__

문제가 어려웠나요?
☐ 어려워요. o.o
☐ 적당해요. ^-^
☐ 쉬워요. >o<

문장제 실력 쌓기

*움직인 도형이 처음 도형과 같은 것 찾기
*움직였을 때 만들어지는 수와 처음 수의 합(차) 구하기

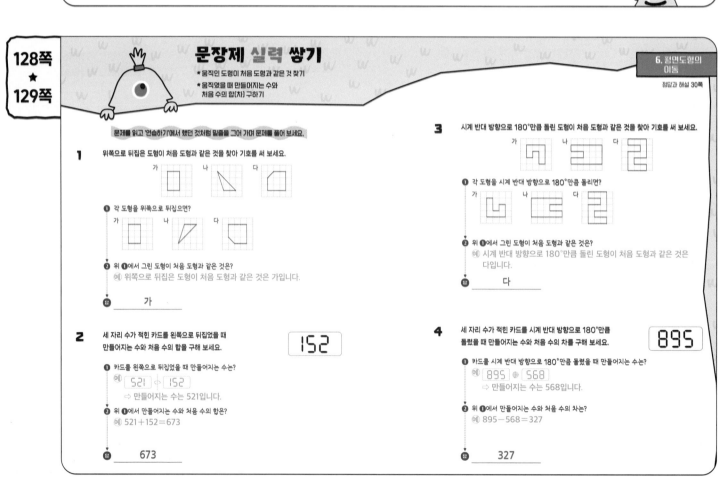

문제를 읽고 '연습하기'에서 했던 것처럼 밑줄을 그어 가며 문제를 풀어 보세요.

1 위쪽으로 뒤집은 도형이 처음 도형과 같은 것을 찾아 기호를 써 보세요.

가   나   다

❶ 각 도형을 위쪽으로 뒤집으면?

가   나   다

❷ 위 ❶에서 그린 도형이 처음 도형과 같은 것은?
㈜ 위쪽으로 뒤집은 도형이 처음 도형과 같은 것은 가입니다.

답 __가__

2 세 자리 수가 적힌 카드를 왼쪽으로 뒤집었을 때 만들어지는 수와 처음 수의 합을 구해 보세요.

`152`

❶ 카드를 왼쪽으로 뒤집었을 때 만들어지는 수는?
㈜ `521` ➡ `152`
⇨ 만들어지는 수는 521입니다.

❷ 위 ❶에서 만들어지는 수와 처음 수의 합은?
㈜ 521+152=673

답 __673__

3 시계 반대 방향으로 180°만큼 돌린 도형이 처음 도형과 같은 것을 찾아 기호를 써 보세요.

가   나   다

❶ 각 도형을 시계 반대 방향으로 180°만큼 돌리면?

가   나   다

❷ 위 ❶에서 그린 도형이 처음 도형과 같은 것은?
㈜ 시계 반대 방향으로 180°만큼 돌린 도형이 처음 도형과 같은 것은 다입니다.

답 __다__

4 세 자리 수가 적힌 카드를 시계 반대 방향으로 180°만큼 돌렸을 때 만들어지는 수와 처음 수의 차를 구해 보세요.

`895`

❶ 카드를 시계 반대 방향으로 180°만큼 돌렸을 때 만들어지는 수는?
㈜ `895` ➡ `568`
⇨ 만들어지는 수는 568입니다.

❷ 위 ❶에서 만들어지는 수와 처음 수의 차는?
㈜ 895−568=327

답 __327__

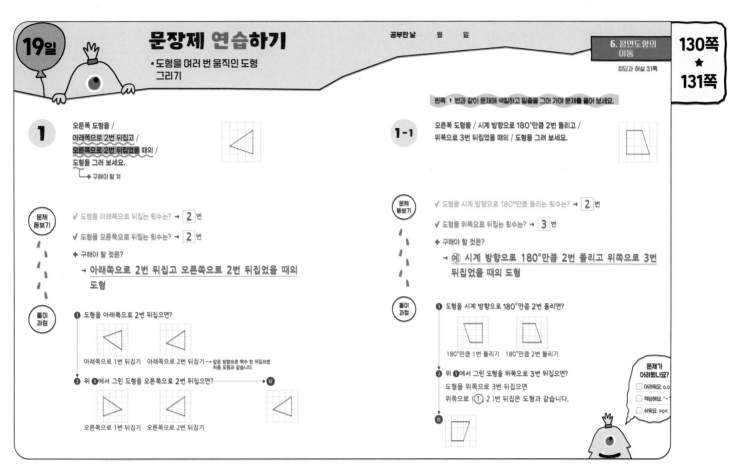

19일

문장제 연습하기

*도형을 여러 번 움직인 도형 그리기

공부한 날   월   일

정답과 해설 31쪽

1

오른쪽 도형을 /
아래쪽으로 2번 뒤집고 /
오른쪽으로 2번 뒤집었을 때의 /
도형을 그려 보세요.
└→ 구해야 할 것

문제 돌보기

✓ 도형을 아래쪽으로 뒤집는 횟수는? → 2 번

✓ 도형을 오른쪽으로 뒤집는 횟수는? → 2 번

✦ 구해야 할 것은?

→ 아래쪽으로 2번 뒤집고 오른쪽으로 2번 뒤집었을 때의 도형

풀이 과정

❶ 도형을 아래쪽으로 2번 뒤집으면?

아래쪽으로 1번 뒤집기   아래쪽으로 2번 뒤집기 → 같은 방향으로 짝수 번 뒤집으면 처음 도형과 같습니다.

❷ 위 ❶에서 그린 도형을 오른쪽으로 2번 뒤집으면? ▸ 답

오른쪽으로 1번 뒤집기   오른쪽으로 2번 뒤집기

왼쪽 1 번과 같이 문제에 색칠하고 밑줄을 그어 가며 문제를 풀어 보세요.

1-1

오른쪽 도형을 / 시계 방향으로 180°만큼 2번 돌리고 /
위쪽으로 3번 뒤집었을 때의 / 도형을 그려 보세요.

문제 돌보기

✓ 도형을 시계 방향으로 180°만큼 돌리는 횟수는? → 2 번

✓ 도형을 위쪽으로 뒤집는 횟수는? → 3 번

✦ 구해야 할 것은?

→ 예 시계 방향으로 180°만큼 2번 돌리고 위쪽으로 3번 뒤집었을 때의 도형

풀이 과정

❶ 도형을 시계 방향으로 180°만큼 2번 돌리면?

180°만큼 1번 돌리기   180°만큼 2번 돌리기

❷ 위 ❶에서 그린 도형을 위쪽으로 3번 뒤집으면?
도형을 위쪽으로 3번 뒤집으면
위쪽으로 (① 2)번 뒤집은 도형과 같습니다.

답

문제가 어려웠나요?
☐ 어려워요. 0.0
☐ 적당해요. ^-^
☐ 쉬워요. >0<

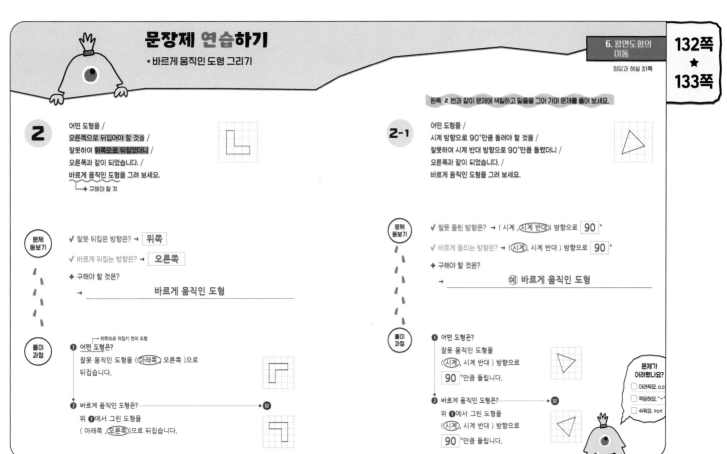

문장제 연습하기

*바르게 움직인 도형 그리기

정답과 해설 31쪽

2

어떤 도형을 /
오른쪽으로 뒤집어야 할 것을 /
잘못하여 위쪽으로 뒤집었더니 /
오른쪽과 같이 되었습니다. /
바르게 움직인 도형을 그려 보세요.
└→ 구해야 할 것

문제 돌보기

✓ 잘못 뒤집은 방향은? → 위쪽

✓ 바르게 뒤집는 방향은? → 오른쪽

✦ 구해야 할 것은?

→ _____ 바르게 움직인 도형 _____

풀이 과정

❶ 어떤 도형은?   ┌→ 위쪽으로 뒤집기 전의 도형
잘못 움직인 도형을 (아래쪽, 오른쪽)으로
뒤집습니다.

❷ 바르게 움직인 도형은? ┄┄┄┄ ▸ 답
위 ❶에서 그린 도형을
(아래쪽 , 오른쪽)으로 뒤집습니다.

왼쪽 2 번과 같이 문제에 색칠하고 밑줄을 그어 가며 문제를 풀어 보세요.

2-1

어떤 도형을 /
시계 방향으로 90°만큼 돌려야 할 것을 /
잘못하여 시계 반대 방향으로 90°만큼 돌렸더니 /
오른쪽과 같이 되었습니다. /
바르게 움직인 도형을 그려 보세요.

문제 돌보기

✓ 잘못 돌린 방향은? → (시계 , 시계 반대) 방향으로 90 °

✓ 바르게 돌리는 방향은? → (시계 , 시계 반대) 방향으로 90 °

✦ 구해야 할 것은?

→ _____ 예 바르게 움직인 도형 _____

풀이 과정

❶ 어떤 도형은?
잘못 움직인 도형을
(시계 , 시계 반대) 방향으로
90 °만큼 돌립니다.

❷ 바르게 움직인 도형은? ┄┄┄┄ ▸ 답
위 ❶에서 그린 도형을
(시계 , 시계 반대) 방향으로
90 °만큼 돌립니다.

문제가 어려웠나요?
☐ 어려워요. 0.0
☐ 적당해요. ^-^
☐ 쉬워요. >0<

문장제 실력 쌓기

★도형을 여러 번 움직인 도형 그리기
★바르게 움직인 도형 그리기

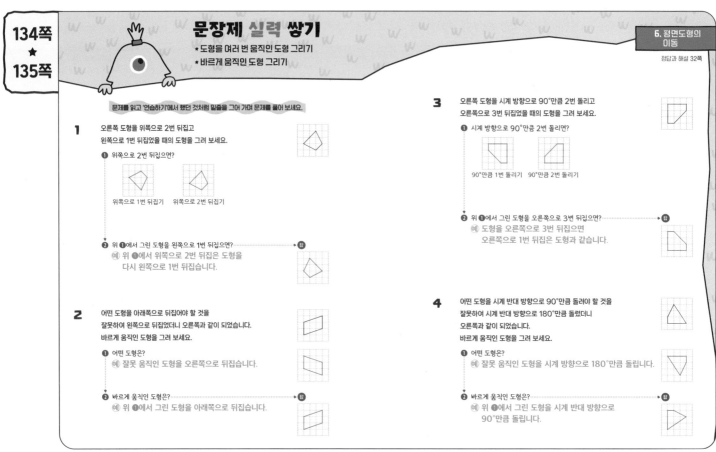

문제를 읽고 '연습하기'에서 했던 것처럼 밑줄을 그어 가며 문제를 풀어 보세요.

1 오른쪽 도형을 위쪽으로 2번 뒤집고
왼쪽으로 1번 뒤집었을 때의 도형을 그려 보세요.

❶ 위쪽으로 2번 뒤집으면?

위쪽으로 1번 뒤집기   위쪽으로 2번 뒤집기

❷ 위 ❶에서 그린 도형을 왼쪽으로 1번 뒤집으면?········ ⬝답
예 위 ❶에서 위쪽으로 2번 뒤집은 도형을
다시 왼쪽으로 1번 뒤집습니다.

2 어떤 도형을 아래쪽으로 뒤집어야 할 것을
잘못하여 왼쪽으로 뒤집었더니 오른쪽과 같이 되었습니다.
바르게 움직인 도형을 그려 보세요.

❶ 어떤 도형은?
예 잘못 움직인 도형을 오른쪽으로 뒤집습니다.

❷ 바르게 움직인 도형은?········ ⬝답
예 위 ❶에서 그린 도형을 아래쪽으로 뒤집습니다.

3 오른쪽 도형을 시계 방향으로 90°만큼 2번 돌리고
오른쪽으로 3번 뒤집었을 때의 도형을 그려 보세요.

❶ 시계 방향으로 90°만큼 2번 돌리면?

90°만큼 1번 돌리기   90°만큼 2번 돌리기

❷ 위 ❶에서 그린 도형을 오른쪽으로 3번 뒤집으면?······⬝답
예 도형을 오른쪽으로 3번 뒤집으면
오른쪽으로 1번 뒤집은 도형과 같습니다.

4 어떤 도형을 시계 반대 방향으로 90°만큼 돌려야 할 것을
잘못하여 시계 반대 방향으로 180°만큼 돌렸더니
오른쪽과 같이 되었습니다.
바르게 움직인 도형을 그려 보세요.

❶ 어떤 도형은?
예 잘못 움직인 도형을 시계 방향으로 180°만큼 돌립니다.

❷ 바르게 움직인 도형은?········ ⬝답
예 위 ❶에서 그린 도형을 시계 반대 방향으로
90°만큼 돌립니다.

136쪽
★
137쪽

20일

공부한 날   월   일

6. 평면도형의
이동

정답과 해설 32쪽

단원 마무리

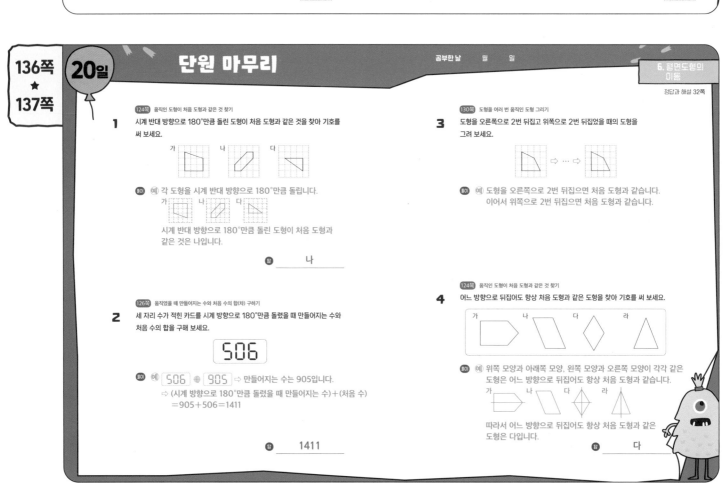

124쪽 움직인 도형이 처음 도형과 같은 것 찾기

1 시계 반대 방향으로 180°만큼 돌린 도형이 처음 도형과 같은 것을 찾아 기호를
써 보세요.

가   나   다

풀이 예 각 도형을 시계 반대 방향으로 180°만큼 돌립니다.

가   나   다

시계 반대 방향으로 180°만큼 돌린 도형이 처음 도형과
같은 것은 나입니다.

답   나

126쪽 움직였을 때 만들어지는 수와 처음 수의 합(차) 구하기

2 세 자리 수가 적힌 카드를 시계 방향으로 180°만큼 돌렸을 때 만들어지는 수와
처음 수의 합을 구해 보세요.

506

풀이 예 506 ⬝ 905 ⇨ 만들어지는 수는 905입니다.
⇨ (시계 방향으로 180°만큼 돌렸을 때 만들어지는 수)＋(처음 수)
＝905＋506＝1411

답   1411

130쪽 도형을 여러 번 움직인 도형 그리기

3 도형을 오른쪽으로 2번 뒤집고 위쪽으로 2번 뒤집었을 때의 도형을
그려 보세요.

⇨ … ⇨

풀이 예 도형을 오른쪽으로 2번 뒤집으면 처음 도형과 같습니다.
이어서 위쪽으로 2번 뒤집으면 처음 도형과 같습니다.

124쪽 움직인 도형이 처음 도형과 같은 것 찾기

4 어느 방향으로 뒤집어도 항상 처음 도형과 같은 도형을 찾아 기호를 써 보세요.

가   나   다   라

풀이 예 위쪽 모양과 아래쪽 모양, 왼쪽 모양과 오른쪽 모양이 각각 같은
도형은 어느 방향으로 뒤집어도 항상 처음 도형과 같습니다.

가   나   다   라

따라서 어느 방향으로 뒤집어도 항상 처음 도형과 같은
도형은 다입니다.

답   다

단원 마무리

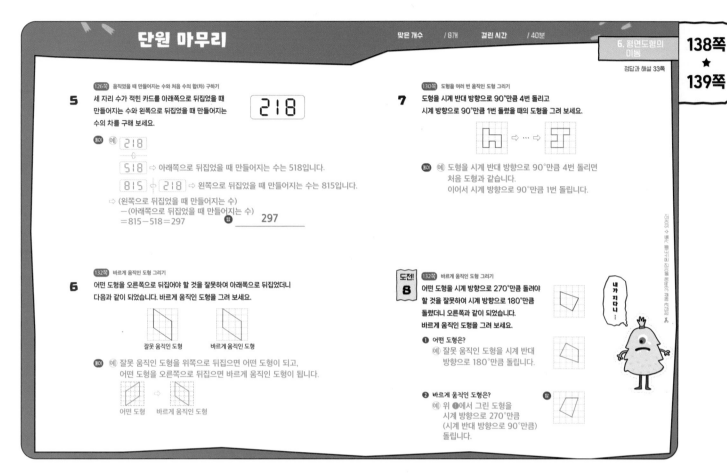

5 ┃126쪽┃ 움직였을 때 만들어지는 수와 처음 수의 합(차) 구하기

세 자리 수가 적힌 카드를 아래쪽으로 뒤집었을 때 만들어지는 수와 왼쪽으로 뒤집었을 때 만들어지는 수의 차를 구해 보세요.

218

풀이 예) 218
→ 518 ⇨ 아래쪽으로 뒤집었을 때 만들어지는 수는 518입니다.
815 ← 218 ⇨ 왼쪽으로 뒤집었을 때 만들어지는 수는 815입니다.

⇨ (왼쪽으로 뒤집었을 때 만들어지는 수)
   ─(아래쪽으로 뒤집었을 때 만들어지는 수)
   ＝815─518＝297

답 ___297___

6 ┃132쪽┃ 바르게 움직인 도형 그리기

어떤 도형을 오른쪽으로 뒤집어야 할 것을 잘못하여 아래쪽으로 뒤집었더니 다음과 같이 되었습니다. 바르게 움직인 도형을 그려 보세요.

잘못 움직인 도형 / 바르게 움직인 도형

풀이 예) 잘못 움직인 도형을 위쪽으로 뒤집으면 어떤 도형이 되고, 어떤 도형을 오른쪽으로 뒤집으면 바르게 움직인 도형이 됩니다.

어떤 도형 ⇨ 바르게 움직인 도형

7 ┃130쪽┃ 도형을 여러 번 움직인 도형 그리기

도형을 시계 반대 방향으로 90°만큼 4번 돌리고 시계 방향으로 90°만큼 1번 돌렸을 때의 도형을 그려 보세요.

풀이 예) 도형을 시계 반대 방향으로 90°만큼 4번 돌리면 처음 도형과 같습니다.
이어서 시계 방향으로 90°만큼 1번 돌립니다.

┃도전!┃ **8** ┃132쪽┃ 바르게 움직인 도형 그리기

어떤 도형을 시계 방향으로 270°만큼 돌려야 할 것을 잘못하여 시계 방향으로 180°만큼 돌렸더니 오른쪽과 같이 되었습니다. 바르게 움직인 도형을 그려 보세요.

❶ 어떤 도형은?
   예) 잘못 움직인 도형을 시계 반대 방향으로 180°만큼 돌립니다.

❷ 바르게 움직인 도형은?
   예) 위 ❶에서 그린 도형을 시계 방향으로 270°만큼 (시계 반대 방향으로 90°만큼) 돌립니다.

답

내가 지다니…

실력 평가

1 농장에서 귤을 민하는 $4\frac{4}{7}$ kg 땄고, 동영이는 민하보다 $\frac{5}{7}$ kg 더 많이 땄습니다. 민하와 동영이가 딴 귤은 모두 몇 kg인가요?

풀이 (예) (동영이가 딴 귤의 양)=$4\frac{4}{7}+\frac{5}{7}=4\frac{9}{7}=5\frac{2}{7}$(kg)

⇨ (민하와 동영이가 딴 귤의 양의 합)=$4\frac{4}{7}+5\frac{2}{7}=9\frac{6}{7}$(kg)

답 $9\frac{6}{7}$ kg

2 네 변의 길이의 합이 36 cm인 마름모가 있습니다. 이 마름모의 한 변의 길이는 몇 cm인가요?

풀이 (예) 마름모의 네 변의 길이는 모두 같습니다.
⇨ (마름모의 한 변의 길이)=36÷4=9(cm)

답 9 cm

3 0부터 9까지의 수 중에서 □ 안에 들어갈 수 있는 수를 모두 구해 보세요.

$$1.075 < 1.0\square 3$$

풀이 (예) 자연수 부분은 1, 소수 첫째 자리 수는 0으로 각각 같고, 소수 셋째 자리 수는 5>3입니다.
따라서 □ 안에 들어갈 수 있는 수는 7보다 큰 수이므로 8, 9입니다.

답 8, 9

4 어느 가게의 고기만두와 김치만두의 판매량을 월별로 조사하여 나타낸 꺾은선그래프입니다. 고기만두와 김치만두의 판매량의 차가 가장 클 때의 차는 몇 개인가요?

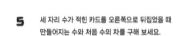

고기만두와 김치만두의 판매량

풀이 (예) 고기만두와 김치만두의 판매량의 차가 가장 클 때는 두 꺾은선의 점이 가장 많이 떨어져 있는 때이므로 4월입니다.
꺾은선그래프에서 세로 눈금 한 칸의 크기는 10개입니다.
4월에 두 점이 세로 눈금 7칸만큼 차이가 나므로 판매량의 차는 70개입니다.

답 70개

5 세 자리 수가 적힌 카드를 오른쪽으로 뒤집었을 때 만들어지는 수와 처음 수의 차를 구해 보세요.

825

풀이 (예) 825 ⇨ 258 ⇨ 만들어지는 수는 258입니다.
⇨ (처음 수)−(오른쪽으로 뒤집었을 때 만들어지는 수)
=825−258=567

답 567

6 길이가 2 m인 철사를 겹치지 않게 사용하여 한 변의 길이가 30 cm인 정다각형을 한 개 만들었습니다. 남은 철사의 길이가 50 cm일 때, 만든 정다각형의 이름은 무엇인가요?

풀이 (예) 2 m=200 cm
⇨ (정다각형의 둘레)=200−50=150(cm)
따라서 정다각형의 변이 150÷30=5(개)이므로 정오각형입니다.

답 정오각형

7 오른쪽은 크기가 같은 정삼각형 6개를 겹치지 않게 이어 붙인 것입니다. 그림에서 찾을 수 있는 크고 작은 평행사변형은 모두 몇 개인가요?

풀이 (예) ・작은 정삼각형 2개짜리:
①+②, ②+③, ④+⑤, ⑤+⑥, ②+⑤ ⇨ 5개
・작은 정삼각형 4개짜리:
①+②+⑤+⑥, ③+②+⑤+④ ⇨ 2개
따라서 크고 작은 평행사변형은 모두 5+2=7(개)입니다.

답 7개

8 어떤 수에서 $1\frac{7}{9}$을 빼야 할 것을 잘못하여 $1\frac{7}{9}$을 더했더니 $4\frac{1}{9}$이 되었습니다. 바르게 계산한 값은 얼마인가요?

풀이 (예) 어떤 수를 ■라 할 때, 잘못 계산한 식은 ■+$1\frac{7}{9}=4\frac{1}{9}$입니다.
⇨ $4\frac{1}{9}-1\frac{7}{9}=$■, ■=$3\frac{10}{9}-1\frac{7}{9}=2\frac{3}{9}$
따라서 바르게 계산한 값은
$2\frac{3}{9}-1\frac{7}{9}=1\frac{12}{9}-1\frac{7}{9}=\frac{5}{9}$입니다.

답 $\frac{5}{9}$

9 4장의 카드 . , 1 , 6 , 7 을 한 번씩 모두 사용하여 소수 두 자리 수를 만들려고 합니다. 만들 수 있는 가장 큰 수와 가장 작은 수의 합과 차를 각각 구해 보세요.

풀이 (예) 수 카드의 수의 크기를 비교하면 7>6>1이므로 만들 수 있는 가장 큰 소수 두 자리 수는 7.61이고, 가장 작은 소수 두 자리 수는 1.67입니다.
⇨ 합: 7.61+1.67=9.28, 차: 7.61−1.67=5.94

답 합: 9.28, 차: 5.94

10 사각형 ㄱㄴㄷㄹ은 직사각형입니다. 각 ㅁㄷㄹ의 크기는 몇 도인가요?

풀이 (예) (각 ㄴㅁㄷ)=180°−50°=130°
직사각형은 두 대각선의 길이가 같고 한 대각선이 다른 대각선을 이등분하므로 삼각형 ㅁㄷㄹ은
(선분 ㅁㄷ)=(선분 ㅁㄹ)인 이등변삼각형입니다.
(각 ㅁㄷㄹ)+(각 ㅁㄹㄷ)=180°−130°=50°
⇨ (각 ㅁㄷㄹ)=(각 ㅁㄹㄷ)=50°÷2=25°

답 25°

1 □ 안에 들어갈 수 있는 자연수를 모두 구해 보세요.

$$\frac{□}{5}+\frac{4}{5}<1\frac{3}{5}$$

풀이 예) $\frac{□}{5}+\frac{4}{5}=1\frac{3}{5}$일 때, $1\frac{3}{5}=\frac{8}{5}$이므로 $\frac{□}{5}+\frac{4}{5}=\frac{8}{5}$입니다.

⇨ □+4=8, □=4

따라서 □ 안에 들어갈 수 있는 자연수는 4보다 작은 수이므로 1, 2, 3입니다.

답 ___1, 2, 3___

2 직선 가와 직선 나는 서로 수직입니다. ㉠의 각도를 구해 보세요.

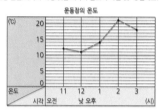

풀이 예) 직선 가와 직선 나는 서로 수직이므로 두 직선이 만나서 이루는 각도는 90°입니다.

㉠=90°−15°=75°

답 ___75°___

3 끈이 3 m 있었습니다. 그중에서 0.96 m로 책을 묶었고, 1.35 m로 선물을 포장했습니다. 사용하고 남은 끈은 몇 m인가요?

풀이 예) (책을 묶고 남은 끈의 길이)=3−0.96=2.04(m)

⇨ (사용하고 남은 끈의 길이)=2.04−1.35=0.69(m)

답 ___0.69 m___

4 운동장의 온도를 조사하여 나타낸 꺾은선그래프입니다. 온도가 가장 높은 시각과 가장 낮은 시각의 온도의 차는 몇 °C인가요?

운동장의 온도

풀이 예) 온도가 가장 높은 시각은 점이 가장 높게 찍힌 때인 오후 2시이고, 온도는 21 °C입니다.
온도가 가장 낮은 시각은 점이 가장 낮게 찍힌 때인 낮 12시이고, 온도는 11 °C입니다.
따라서 온도의 차는 21−11=10(°C)입니다.

답 ___10 °C___

5 도형을 아래쪽으로 2번 뒤집고 오른쪽으로 2번 뒤집었을 때의 도형을 그려 보세요.

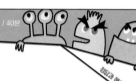

풀이 예) 도형을 아래쪽으로 2번 뒤집으면 처음 도형과 같습니다.
이어서 오른쪽으로 2번 뒤집으면 처음 도형과 같습니다.

---

6 정육각형과 모든 변의 길이의 합이 같은 정팔각형이 있습니다. 정육각형의 한 변의 길이가 4 cm일 때, 정팔각형의 한 변의 길이는 몇 cm인가요?

풀이 예) (정육각형의 모든 변의 길이의 합)=4×6=24(cm)

⇨ 정팔각형의 모든 변의 길이의 합이 24 cm이므로 한 변의 길이는 24÷8=3(cm)입니다.

답 ___3 cm___

7 물통에 들어 있던 물 중에서 $1\frac{3}{8}$ L를 사용한 후 다시 물 $2\frac{7}{8}$ L를 물통에 부었더니 $4\frac{5}{8}$ L가 되었습니다. 처음 물통에 들어 있던 물은 몇 L인가요?

풀이 예) (물을 붓기 전 물의 양)=$4\frac{5}{8}-2\frac{7}{8}=3\frac{13}{8}-2\frac{7}{8}=1\frac{6}{8}$(L)

⇨ (처음 물통에 들어 있던 물의 양)=$1\frac{6}{8}+1\frac{3}{8}=2\frac{9}{8}=3\frac{1}{8}$(L)

답 ___$3\frac{1}{8}$ L___

8 어떤 수에 1.52를 더해야 할 것을 잘못하여 뺐더니 3.38이 되었습니다. 바르게 계산한 값은 얼마인가요?

풀이 예) 어떤 수를 ■라 할 때, 잘못 계산한 식은 ■−1.52=3.38입니다.

⇨ 3.38+1.52=■, ■=4.9

따라서 바르게 계산한 값은 4.9+1.52=6.42입니다.

답 ___6.42___

9 사각형 ㄱㄴㄷㄹ은 평행사변형입니다. 각 ㄴㄱㄷ의 크기는 몇 도인가요?

풀이 예) 평행사변형에서 이웃한 두 각의 크기의 합은 180°이므로
(각 ㄴㄱㄹ)+(각 ㄱㄹㄷ)=180°
(각 ㄴㄱㄹ)=180°−60°=120°
⇨ (각 ㄴㄱㄷ)=120°−55°=65°

답 ___65°___

10 정오각형에서 ㉠과 ㉡의 차는 몇 도인가요?

풀이 예) 정오각형은 삼각형 3개로 나눌 수 있습니다.
삼각형의 세 각의 크기의 합은 180°입니다.
⇨ (정오각형의 모든 각의 크기의 합)=180°×3=540°
㉠=540°÷5=108°
한 직선이 이루는 각의 크기는 180°입니다.
⇨ ㉡=180°−108°=72°
따라서 ㉠−㉡=108°−72°=36°입니다.

답 ___36°___

1 식혜가 $1\frac{2}{9}$ L 있습니다. 컵 한 개에 식혜를 $\frac{5}{9}$ L씩 담으려고 합니다.
식혜를 몇 컵까지 담을 수 있고, 남는 식혜는 몇 L인가요?

풀이 예) $1\frac{2}{9}-\frac{5}{9}=\frac{11}{9}-\frac{5}{9}=\frac{6}{9}$, $\frac{6}{9}-\frac{5}{9}=\frac{1}{9}$

⇨ $1\frac{2}{9}$에서 $\frac{5}{9}$를 2번까지 뺄 수 있고, 남는 수는 $\frac{1}{9}$입니다.

따라서 식혜를 2컵까지 담을 수 있고, 남는 식혜는
$\frac{1}{9}$ L입니다.   답 ____2컵____, ____$\frac{1}{9}$____ L

2 0보다 크고 1보다 작은 소수 두 자리 수 중에서 소수 첫째 자리 숫자가 6, 소수 둘째 자리 숫자가 8인 소수를 구해 보세요.

풀이 예) 0보다 크고 1보다 작으므로 소수의 일의 자리 숫자는 0입니다.
소수 첫째 자리 숫자가 6, 소수 둘째 자리 숫자가 8이므로
조건을 모두 만족하는 소수는 0.68입니다.

답 ____0.68____

3 오른쪽으로 뒤집은 도형이 처음 도형과 같은 것의 기호를 써 보세요.

 가   나

풀이 예) 각 도형을 오른쪽으로 뒤집으면 다음과 같습니다.

가   나

오른쪽으로 뒤집은 도형이
처음 도형과 같은 것은 나입니다.   답 ____나____

4 오른쪽 도형은 네 변의 길이의 합이 28 cm인 평행사변형입니다.
변 ㄴㄷ은 몇 cm인가요?

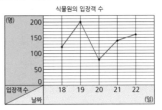

풀이 예) 평행사변형은 마주 보는 두 변의
길이가 같습니다.
(변 ㄱㄴ)=(변 ㄹㄷ), (변 ㄱㄹ)=(변 ㄴㄷ)이므로
(변 ㄹㄷ)+(변 ㄴㄷ)=28÷2=14(cm)입니다.
⇨ (변 ㄴㄷ)=14-6=8(cm)   답 ____8 cm____

5 어느 식물원의 입장객 수를 조사하여 나타낸 꺾은선그래프입니다.
세로 눈금 한 칸을 20명으로 하여 그래프를 다시 그린다면
20일과 21일의 세로 눈금 수의 차는 몇 칸인가요?

식물원의 입장객 수
(명)
200
150
100
50
입장객 수
날짜 18 19 20 21 22 (일)

풀이 예) 20일: 80명, 21일: 140명
⇨ (입장객 수의 차)=140-80=60(명)
따라서 세로 눈금 한 칸을 20명으로 하여 그래프를 다시 그린다면
60÷20=3(칸) 차이가 납니다.
답 ____3칸____

6 길이가 2 m인 끈을 똑같이 2도막으로 자른 후 그중 한 도막을 겹치지 않게
사용하여 한 변의 길이가 12 cm인 정다각형을 한 개 만들었습니다.
남은 끈의 길이가 16 cm일 때, 만든 정다각형의 이름은 무엇인가요?

풀이 예) (끈 한 도막의 길이)=2÷2=1(m)
1 m=100 cm
⇨ (정다각형의 둘레)=100-16=84(cm)
정다각형의 변이 84÷12=7(개)이므로 정칠각형입니다.
답 ____정칠각형____

7 분모가 7인 진분수가 2개 있습니다.
합이 $1\frac{2}{7}$, 차가 $\frac{3}{7}$인 두 진분수를 구해 보세요.

풀이 예) $1\frac{2}{7}$를 가분수로 나타내면 $\frac{9}{7}$입니다.
⇨ 두 진분수의 분자의 합은 9이고, 차는 3입니다.
합이 9, 차가 3인 두 진분수의 분자는 6, 3입니다.
따라서 두 진분수는 $\frac{6}{7}$, $\frac{3}{7}$입니다.   답 ____$\frac{6}{7}$____, ____$\frac{3}{7}$____

8 길이가 0.6 m인 색 테이프 2장을 15 cm만큼 겹치게 한 줄로 길게 이어
붙였습니다. 이어 붙인 색 테이프의 전체 길이는 몇 m인가요?

풀이 예) (색 테이프 2장의 길이의 합)=0.6+0.6=1.2(m)
15 cm=0.15 m
⇨ (이어 붙인 색 테이프의 전체 길이)=1.2-0.15=1.05(m)
답 ____1.05 m____

9 어떤 도형을 시계 방향으로 90°만큼 돌려야 할 것을 잘못하여
시계 반대 방향으로 90°만큼 돌렸더니 다음과 같이 되었습니다.
바르게 움직인 도형을 그려 보세요.

잘못 움직인 도형   바르게 움직인 도형

풀이 예) 잘못 움직인 도형을 시계 방향으로 90°만큼 돌리면 어떤
도형이 되고, 어떤 도형을 시계 방향으로 90°만큼 돌리면
바르게 움직인 도형이 됩니다.

어떤 도형   바르게 움직인 도형

10 사각형 ㄱㄴㄷㄹ은 마름모입니다. 각 ㄹㄴㄷ의 크기는 몇 도인가요?

110°

풀이 예) 마름모는 마주 보는 각의 크기가 같으므로
(각 ㄴㄷㄹ)=(각 ㄴㄱㄹ)=110°입니다.
삼각형의 세 각의 크기의 합은 180°이므로
(각 ㄹㄴㄷ)+(각 ㄴㄷㄹ)=180°-(각 ㄴㄷㄹ)
=180°-110°=70°입니다.
(변 ㄴㄷ)=(변 ㄹㄷ)이고, 이등변삼각형은 두 각의 크기가
같으므로 (각 ㄹㄴㄷ)=(각 ㄴㄹㄷ)입니다.
⇨ (각 ㄹㄴㄷ)=70°÷2=35°   답 ____35°____

MEMO

MEMO

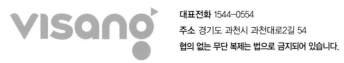

대표전화 1544-0554

주소 경기도 과천시 과천대로2길 54